방중술 비전수련서

성공 인생을 위한

성 살리기

방중술 비전수련서

성공 인생을 위한

성 살리기

인 문 종 지음

남성이 살아야 가정이 산다.
남자는 불이요 여자는 물이라!

KSI 한국학술정보㈜

발원문

　이 시대는 음기(陰氣)가 성행하고 양기(陽氣, 陽器)가
위축되는 시대라! 세상 사람들은 세상의 사내들은 여인의 눈에
들기 위하여, 아니 아내를 빼앗기지 않고 가정을 지키고 이
사회에서 살아남기 위하여 혼신의 노력을 다하고 있다. 그들은
시원하게 정화(淨化)되지 않는 性의 기운을 문화예술[1]이라는
미명으로 장식된, 시공(時空)에서나마 해소하고저 안간힘을
쏟고 있다. 그러나 예술이 어찌 성행(盛行)하여 불만족한 음
기의 피난처 일소냐! 진정한 예술은 음양의 기운이 조화롭게
어울릴 때 진가를 발휘할지니!

　일어나라! 양기(陽氣)를 단련하여 능동적 야성(野性)의
세계로!!!

　진정한 예술의 극치란 하늘(남자)의 조화로 땅(여인)을 풍요롭
게 하며, 남녀(음양)가 조화롭게 얽히는 양성(養性) 방중술
일터! 동양의 선철(先哲)들은 수천 년 전부터 이를 간과
(看過)하고 이에 관한 가르침을 은유의 표현을 통해 계시하였다.

---

1) 여기에서의 문화예술이란? 성행위를 모방한 표현이나 은유적
　 행태를 말함. 방송의 일부 드라마, 영화 등도 이에 해당함.

그러나 어리석은 후학들이 보정(保精)에 힘쓰지 않고 쾌락과 방탕에 선현의 슬기를 잊고 지내는 사이에, 세상은 음의 시대로 변모하여 제 아내 제 한가정 지키기에 급급한 지경까지 도래하였도다.

선현들이 양성 방중술의 기법을 은유로서 계시한데에는 그만한 까닭이 있으니, 첫째는 이를 함부로 남용하여 나타나는 해악을 경계함이며, 둘째는 수련이 공력(功力)을 필요로 하는지라, 문외한의 생산적 낭비를 피하기 위함이었으리라.

이제 세상이 밝아져 지식기반이 두터워 졌는지라, 비전의 양성 방중기법을 현대적 감각으로 각색하여 전하는 바, 행여 부족한 전달자의 미혹(迷惑)한 지혜는 실천자들의 공력을 통해 보충되리라 여긴다.

이제 진정한 양기(陽氣)를 극복하고 진솔한 가정과 사회의 재건을 통하여, 선각(先覺)들이 은유로서 계시한 비장의 양성(養性) 방중기법이 이 시대를 구하는데 일조가 되기를 기원한다.

동양 성문화연구소

머리말

≪맹자·고자상≫편에 "음식에 관한 일과 남녀에 관한 일은 모두 인간의 본성이다."라고 말했습니다. 이는 먹고 사는 문제와 부부 성생활의 중요성이 삶의 근본이라는 말일 것입니다.

이처럼 먹는 것이 살고자 함이듯이, 고대 동양의 성(性)생활은 후손번식을 위한 생식과, 부부생활을 통한 건강증진에 있었다는 것이, 마왕퇴(中國 長沙소재)라는 2200년 전의 무덤에서 발굴된 대나무 책에서 밝혀진 내용입니다.

후손 번식을 위한 생식은 동식물과 마찬가지로 인간 또한 지식이나 교육을 통하지 않아도 자연스럽게 알게 되는 것입니다. 그러나 인간만이 가지는 쾌락과 건강증진을 위한 음양의 합일은 이에 관한 지식과 훈련을 통해서 만이 얻어질 수 있습니다.

이러한 지식과 훈련을 요구하는 성문화가 근세기 서구문화의 유입으로, 선현들의 지혜로운 방식에서 벗어나, 건강을 망각한 순간의 쾌락과 이기적인 물질적 사고방식의 만연속에 침몰하기에 이르렀습니다.

여기에 복잡하고 경쟁적인 사회생활의 스트레스로 인하여, 고개 숙인 남자가 차츰 늘어나고 있는 현실입니다.

이에 더하여, 음기(陰氣) 즉, 왜곡된 여성주의가 팽배해지면서, 한 남자만 알고 평생을 살았던 여인들이, 매스미디어의 발달로 다른 사내들의 속사정까지 세세히 밝혀진 작금에는, 사소한 문제로 가정불화를 초래하고, 성격(性格)차이로 인한 이혼율이 증가하며, 이것이 커다란 사회문제로 부각되기에 이르렀습니다.

이는 남자들의 부실한 양기(陽氣)가 상승하는 음기(陰氣)와의 조화를 이루지 못해 생기는 근본의 문제인 것입니다.

다시 말해 안정된 사회는 안정된 가정에서 비롯되며, 안정된 가정은 부부의 만족한 성생활이 기초를 이루고, 이는 쌍방의 학습과 훈련을 통해야 이룰 수 있다는 말입니다.

이렇게 중요한 성지식이 이제까지는 서양사조에 의한 분석적 물질주의에 편승한 나머지, 성기능을 비뇨생식기관으로만 분리해서 생각하게 되었습니다. 그러므로 그 기능을 개선하기위해 국소적인 약물 등을 먹거나, 바르거나, 보형물을 성기에 넣거나, 보조하는 형식의 방법으로 성기능을 개선하는 노력만을 하였던 것입니다. 그러나 우리 몸은 대우주의 축소판인 소우주로써, 발가락의 티눈 하나 손등의 작은 점 하나 하나가 오장육부와 뇌와 전신의 기능과 연관된다는 점을 생각해 볼 때, 성지식의 공부 특히, 성기능 장애와 성력강화의 방안도, 서구의 비뇨생식기관으로써의 분석적인 접근보다는, 동양의학적인 정체관념2)에 입각하여, 전신을 건

2) 인문종(2005), 氣마사지, 국제선술협회, p.13. "우주는 역동적인 생명력

강하게 만들며, 이에 더하여 성기능과 연관된 장부(臟腑)와 경락과 성기(性器)를 더불어 관리함으로써, 진정한 양성 방중수련으로써의 가치가 있을 것 입니다.

이를 위해 고대로부터 선현들이 제시한 방중술기법을, 온고지신(溫故知新)의 심정으로 배워 익힘으로써, 이 시대의 빈한한 남성을 살리는 새로운 성 문화운동을 주창하는 바입니다. 즉, 성공 인생을 위한 성(性) 살리기로, 선현들이 비전으로 물려준 양성 방중술 공부를 통하여, 남자들이 가장들이 건강을 되찾고 당당히

을 가지고 있다. 우주 속의 모든 생명체는 서로 그물처럼 연결되어 있고, 인간의 몸과 의식도 대우주에 조화를 이루는 소우주로서, 전체가 하나와 직결되고 어느 일부분이 다른 것보다 더 근본적일 수 없는 상호 조화로서 결합된 깨지지 않는 전일성(全一性)을 가지고 있다. 그러므로 발가락의 티눈 하나 손등의 작은 점 하나 하나가 오장육부와 뇌와 전신의 기능과 연관된다. …… 서양의 학문은 분석학이라고 말할 수 있겠다. 서양의학에서 인체는 각 조직이 모여 이루어지는 집합체라는 *데카르트(1596~1650, 프랑스철학자)적 사고로서 질병의 발생반응부위에 치중하여 분석하고 통증을 치료한다. 그러나 동양의학에서는 정체관념이라 하여 인체의 통일성과 완전성 및 자연계와의 상호관계를 매우 중시하고 있다. 인체는 하나의 유기체로서 각 구성부분을 가를 수 없고 기능상에서 서로 협조하고 서로 이용하며, 병리상태에서는 서로 영향을 미친다. 예를 들면 두통이 있을 때 뇌의 상태를 보는 서양의학과는 달리 동양의학에서는 음기가 허한지, 단전의 기운이 부족한지, 하복부가 냉한지, 위장의 열이나 심화가 상승하기 때문인지를 보는 것이다. 발바닥이 아프고 열이 나서 잠자리가 편치 않을 때 발의 구조만을 보는 것이 아니라 신장(腎臟)의 기능을 검사하는 식이다."

일어나서, 사회의 안녕에 기여하기를 바라는 마음으로 본서와 영상 프로그램을 제작하게 되었습니다.

2008年 新
석정(石靜) 인 문 종

목 차

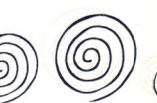

제Ⅰ장
서 론

1. 남성이 살아야 가정이 산다

남성이 살아야 한다는 것은 가부장적 시대에 있었던, 경제력과 권위주의적이고 힘으로 밀어붙이면 저절로 가장으로서의 또는 남편으로서의 위치가 확립되는 시대의 남성상을 말하는 것이 아니다.

이제까지의 남성성은 그들 스스로가 과시하며 자축하는, 크고 강하고 **빠른**, 마치 올림픽경기를 연상케 하는 모습이었다. 그러나 이제부터의 남성성은 자궁회귀성으로 치부되는 부드럽고 따뜻하고 포용적인 여성성을 가지고 여성에게 다가가지 않으면 남성성을 인정받기 이전에 생존 자체가 위협받는 시대가 된 것이다.

이 시대의 남성이 결코 살아남을 수 있는 길은, 여성의 마음과 몸을 세심히 배려함으로서, 몸으로의 느낌을 확실히 깨달은 여성으로부터 남성성을 인정받고 가장으로서의 권위가 주어지는 것이다.

이러한 사실들은 현재 대략 40세의 아버지들 세대를 기준으로, 부부와 가족들의 실생활에서 이전세대와 확연히 달라지는 모습을 주위에서 흔히 발견할 수 있다. 뿐만 아니라 40대 이상 권위적인 가정의 이혼율과 그들 가족의 일탈문제가 큰 사회문제로까지 비화되고 있다. 이미 사회적인 제도나 국가가 나서서 이들 대다수를 이전의 정상적인 가정으로 돌려놓기에는 한계에 이르렀다.

이제 남성 스스로가, 여성의 가치로만 치부되었던 온유와 대화와 사랑의 마음으로 변신하며, 진정한 남성성을 위한 몸만들기에 보다 많은 노력을 기울일 때만이, 바뀌는 가족의 패러다임에도 적응할 수 있을 것이다.

2. 남자는 불이요 여자는 물이라!

이러한 작금의 현실을 반영한 듯, 소녀경에 보면 '남자는 불이요 여자는 물'이라는 말이 있다.[3] 이 말의 의미는 남자는 불과 같아서 빨리 타고 빨리 꺼진다는 뜻이며, 여자는 물과 같아서 늦게 끓고 늦게 식는다는 의미로 여겨진다. 그러므로 음양의 교접은 태극의 음양과 같이 남녀가 서로 한데 어우러져 변화하는 것이므로, 상대를 잘 살펴 그 변화하는 형상에 따라 나아가고 물러남에 절도가 있어야 한다.

---

3) 인문종(2007), 養性에 관한 문헌적 고찰, 명지대학교 이학박사 학위 논문, p140.
소녀경에서는 남녀의 성에 대한 비유로써, 남녀를 불과 물로 비유하여 "남자는 화성(火性) 이므로 한번 물을 끼얹으면 곧 꺼져버리지만, 여자는 수성(水性) 이므로 불을 때면 펄펄 끓어올라서 불이 있는 한 언제까지나 중단하려 들지 않는다."라는 말로, 불길의 보존에 관해 설명하고 있다. 이는 남성의 조루를 경계하는 말로써 황제의 하문(下問)을 받은 소녀는 쇠약의 원인이 음양교접의 이치를 그릇 치고 올바른 성생활을 영위하지 않았기 때문이라고 대답하고 있다.

상대를 배려치 않는 음양의 교접은 상대에게 불만족을 주고4), 상대를 해치며, 나아가서는 자신까지도 일그러뜨리는 태극의 불화(不和)를 초래할 것이다. 그러므로 양(陽, 남자, 불)은 음(陰, 여자, 물)이 끓을 때까지, 온갖 정성을 다하여 전희(前戲)에 몰두해야 할 것이요, 음(女)은 불(男)이 빨리 타서 꺼져 재(灰)가 되지 않도록 불길을 잘 받아들이는, 능동적이고 적극적인 성생활의 자세가 필요하리라.

---

4) 丹波康賴(1993), 『醫心方』券28, 翟漫慶등譯, 華夏出版社. 至理第一, p462, ≪素女經≫인용.
"황제가 소녀에게 묻기를 내 몸의 기운이 약하고 조화롭지 못하며, 마음이 즐겁지 않고 항시 두렵고 위태로우니 장차 이를 어찌할꼬? 소녀가 답하길 사람들이 쇠약해지는 것은 모두 남녀 간에 방사의 도리가 잘못되어 몸이 손상되는 것입니다. 여자가 남자를 이기는 것은 물이 불길을 이겨내어, 가마솥에서 다섯 가지 맛을 내는 탕이나 국을 만들어 내듯이, 음양의 도리를 알면 다섯 가지의 즐거움을 알게 됩니다. 이를 모르면 생명이 요절되는데 어찌 신중치 않으시리오."라는 말로 음양의 도리를 설명하고 있다.

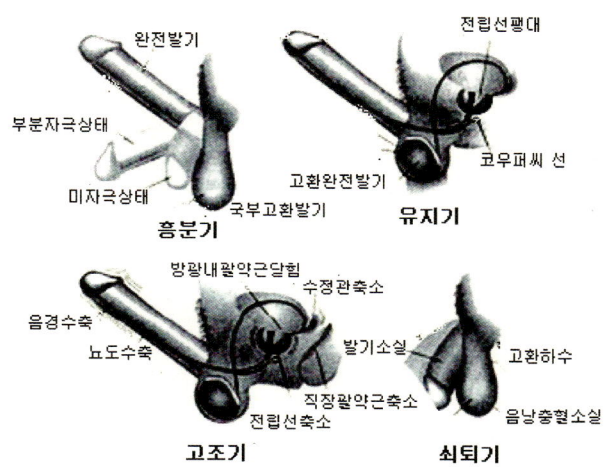

완전발기

전립선팽대

부분자극상태

미자극상태

국부고환발기

고환완전발기

흥분기

코우퍼씨 선

유지기

방광내괄약근달힘

수정관축소

음경수축

뇨도수축

발기소실

고환하수

직장괄약근축소

전립선축소

음낭충혈소실

고조기

쇠퇴기

남성기반응변화도

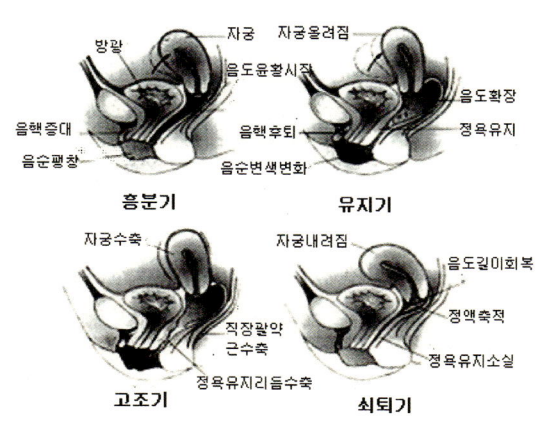

방광

자궁 자궁올려짐

음도윤활시작

음핵증대

음핵후퇴

음순평창

음순변색변화

흥분기

음도확장

정욕유지

유지기

자궁수축

자궁내려짐

음도길이회복

직장괄약
근수축

정욕유지리듬수축

고조기

정액축적

정욕유지소실

쇠퇴기

여성기반응변화도

3. 변신하는 상대를 세심히 살피라!

남성의 특징은 국소(局所, 옥경)에서부터 불길이 전신으로 펼쳐 나아간다는 점을 여성들이 간과하여 이에 합당한 행위를 하여야 할 것이며, 여성은 말단 특히, 두뇌에서부터 가슴(마음)을 거쳐 국소(옥문)로 물길이 서서히 데워져, 옥문(玉門)이 펄펄 끓어 넘치는 시점이 음양교접의 시작점임을, 교합에 임하는 남녀가 자각하여 대사를 그르침이 없어야 하겠다.

성생활에 임하여, 변화하는 남녀 신체의 특징에 관하여 고서의 ≪현녀경≫에서는 남성의 성냄, 커짐, 단단해짐, 뜨거워짐을 설명5)하여 교합에 임하도록 가르치고 있다. 또한 여체의 변화를

---

5) 인문종(2007), 전게서, p.142~143, ≪현녀경≫인용.
"황제가 묻기를; 마음은 교접하고 싶은데 옥경이 발기하지 아니하면 억지로라도 하여야 하는가? 현녀가 답하길; 아니 되옵니다. 무릇 욕구가 일어도 교접의 도리가 있는 법입니다. 남자의 사지(四至)를 거쳐서 여자의 구기(九氣)에 이르도록 하여야 합니다. 황제가 묻기를; 사지란 무엇을 말함이뇨? 현녀가 답하길; 옥경이 성내지 아니하면 **화기(和氣,** 기운이 응함)되지 않음이며, 성내어도 커지지 않음은 **기기(肌氣)**에 이르지 않음이고, 커졌어도 단단하지 않으면 **골기(骨氣)**에 다다르지 않은 것이며, 단단하나 뜨겁지 않으면 **신기(神氣)**에 이르지 아니한 것입니다. 그러므로 옥경이 성내는 것은 정(精)이 눈을 떠 밝아지는 것이며, 커지는 것은 정(精)이 관문에 다다른 것이고, 단단해진 것은 정(精)이 집에 다다른 것이며, 뜨거운 것은 정(精)이 문에 이르른 것입니다. 사기(四氣)에 도달해야 절도 있게 길을 갈 수 있는데, 기관을

22|

구기(九氣)[6]라는 명칭으로 상세히 설명하여, 이러한 과정을 거치고 나서 비로써, 교접에 임하여야 함을 강조하고 있다.

이러한 점을 성생활 중에 명심하여 행함을 전재로, 본서에서는 인체의 다른 기관에 비하여 생식기능이 쉽게 퇴화하는 현상[7]을 조절하는데 목적을 두고 있다. 이를 위하여 고래로부터 전해지는 양성방중술 수련법[8]을 현대적 체육이론으로 설명하고자 한다.

열되 망령되이 하지 말며, 정(精)을 쏟아내지 말아야 합니다."

6) 丹波康賴, 前揭書, 四至第十, p464, ≪玄女經≫인용. 여인의 구기(九氣).
   "여인이 숨을 크게 내쉬고 침을 삼키면 **폐기(肺氣)**가 도래한 것입니다. 소리 나게 상대의 입을 빨면 **심기(心氣)**에 이르른 것입니다. 끌어안고 떨어지지 않음은 **비기(脾氣)**가 차오른 것이며, 음문이 빛나며 미끌거리면 **신기(腎氣)**에 다다른 것이고, 발로 휘감는 것은 **근기(筋氣)**에 이르른 것이며, 은근하게 깨무는 것은 **골기(骨氣)**에 다다른 것이고, 남자의 옥경을 어루만지는 것은 **혈기(血氣)**가 차오른 것입니다. 남자의 젖꼭지를 만지작거리는 것은 **육기(肉氣)**에 젖은 표현입니다. 오래도록 교접하며 노닐면 제대로 감응되어 **구기(九氣)**에 이르릅니다. 구기에 이르지 않으면 얼굴이 상하게 됩니다. 그러므로 구기에 이르지 못하면 그 수만큼 행하여 치료하여야 합니다."

7) 인문종(2007), 전게서, p187. 마왕퇴백서『십문』인용.
   요임금이 묻기를 '그러면 어떻게 음기(陰氣, 性器)와 인체(전신 각부위, 기타기관과 조직)가 동시에 탄생하는데, 성기만이 쉽게 노쇠하게 되는고?' 순임금이 답하길 '음기(성기)는 음식을 섭취하는 기능이 없고 생각하는 기능도 없으며, 일반적으로 잘 불리지도 않고 깊이 숨겨져 있으면서도 아낌없이 과분하게 사용되어지기에, 인체의 다른 조직과 같이 탄생하였으나, 다른 조직기관보다 먼저 쇠퇴하게 되는 것입니다.'라고 말하고 있다.

중요한 점은 우리 속담에 '부뚜막의 소금도 집어넣어야 짜다.'는 말이 있다. 아무리 간단하고 훌륭한 성력강화의 방안을 연구하여 제시하여도, 이를 행하지 않고, 간단하게 시중에 유통되는 발기유발제로 해결하려 한다면, 눈앞의 목적은 이룰지언정 점점 쇠퇴하는 자신의 건강과 성력은 방어하지 못하여, 끝내는 깊고 어두운 수렁에서 헤어나지 못하리라.

4. 비전의 방중술 수련 성 살리기 프로그램의 이론

성 살리기 프로그램은 저자가 연구한 몇 가지 이론적 배경을 바탕으로 한다.

---

8) 인문종(2007), 전게서, p187. 마왕퇴백서『십문』인용.
　【原文二十四】에서 요임금이 묻길 그러면 음기(陰氣, 性器)가 쉽게 늙는 것은 어찌하여야 하는고? 순임금이 답하길, 먼저 생각으로 사랑하여 보호하고 중시(重視)하며 정확한 보양(保養)방법을 가르쳐야 합니다. 영양가치가 있는 음식을 섭취하고, 머리를 험하고 강하게 하면서 사용을 절제하여 머금고 쉽게 내어주지 않다가, 비록 흥분될지라도 절제하여 사정하지 않으면 체내의 원기가 점점 모아져 증강됩니다. 이렇게 하면 백 살까지 장수할 수 있으며 신체가 이전보다 더욱 강경하게 됩니다. 이것이 순지접음치기지도(舜之接陰治氣之道)입니다. 라고 자세히 설명하고 있다.

24|

① 씨앗 이론

우주의 모든 생물은 우수한 씨앗을 만들기 위해 모든 노력을 다하고 있다. 인간의 몸 또한 이와 같아, 우량한 종족보존을 위한 신체를 유지하기 위하여 부단한 세력다툼으로, 고급 먹거리를 취하여 영양을 충족시킴으로써, 생식 능력 즉, 성력을 강화시킨다. 다시 말해 왕성한 성력은 전신 건강으로부터 비롯된다는 것이다.

② 자루 이론

전신건강의 기반은 오장육부의 건강으로부터 나온다. 오장육부는 몸통이라는 자루 속에 있다. 오장육부는 불수의근으로서, 자신의 의지대로 움직여지지 않는다. 깊은 호흡과 전신 말단으로 연결된 경락의 자극으로, 자루속의 오장육부를 움직여 튼튼하게 만들 수 있다.

③ 이문(二門) 운동

명문(命門; 배꼽뒤 척추중간)과 항문(肛門)을 이문이라 지칭하였으며, 이들은 생명현상을 직접적으로 나타낸다. 건강하면 명문이 튼튼하여 바르게 누운 자세에서 허리가 많이 들려져 있어 손바닥이 들락거릴 수가 있으나, 죽음에 임박한 환자는 허리가 바닥으로 축 처진다. 항문은 몸이 젊고 건강하면 항시 깨끗한 상태를 유지하고 있으나, 몸이 늙거나 병들면 항문 주위에 이물질이 생기거나 깨끗하지 못하며, 임종에 이르면 항문이 열리는 것을 알 수 있다. 그러므로 항문수축과 복근강화를 이문운동의 기본으로 여긴다.

④ 목구멍 운동

목구멍(咽喉)은 식도와 기도로 갈라지는 삼각지로써 앞쪽에 기도가 뒤쪽에 식도가 있다. 식도는 우리가 음식을 섭취할 때나 침을 삼킬 때에 열리고 평상시에는 닫혀 있다. 기도(氣道)는 항상 열려 있다가 음식이나 침을 삼킬 때에 잠깐 닫히며, 이러한 목구멍의 열리고 닫히는 작용은 자동시스템이다. 이러한 자동시스템은 우리 몸이 건강할 때는 별 문제가 없으나 허약해지면 이상이 생긴다. 이는 목구멍의 근육이 노화나 체력약화로 탄력을 잃었기 때문으로, 음식을 먹다가 기도로 잘못 넘어가서 사래가 들리거나, 숨이 막혀 고생하는 경우가 이에 해당한다. 그러므로 평상시 후두근(喉頭筋, 목구멍 근육)을 조였다 풀었다를 반복하는 강화훈련으로 튼튼한 목구멍을 만들어야 한다.

5. 비전의 방중술 수련 성 살리기 훈련의 주의사항

[1] 성(性)은 자신이 시공(時空)에 역사하는 존재이유이고, 성력 증강의 노력은 능동적 야성(野性)을 촉진시키는 공부(工夫)이 므로, 체면의 허울과 게으름을 쫓고 정진하여야 성공하리라.

[2] 이 방법을 미혼자나 건강한 40미만의 젊은이가 수련함은 옳 지 않다.

[3] 수련 전후에 찬 음료를 마시지 말고, 음식도 삼가는 것이 좋다.

[4] 적당한 온도의 실내에서 외부의 간섭이 없어야 하며, 수련 중 에 아랫배를 드러내 놓지 않아야 한다.

[5] 잡념을 줄이고 생각을 집중하며 행하여야 한다.

[6] 평상시 마보참장이나 팔단금, 도인양생공, 태극권 등 도인(導 引) 체조를 병행하여 수련하면 효과가 증가(增加) 된다.

[7] 연공후에는 합장하여 손을 열나게 비벼 눈에 손바닥 중앙부위 (노궁혈)를 대고 눈을 밝힌 후, 턱아래에서 손바닥을 꽃봉오리 같이 받쳐 얼굴을 의수(意受)하고, 얼굴을 비빈 후 머리와 전 신을 두드린다.

[8] 전립선 질환과 소변불리 및 복부비만에도 대단히 효과가 우수 하다.

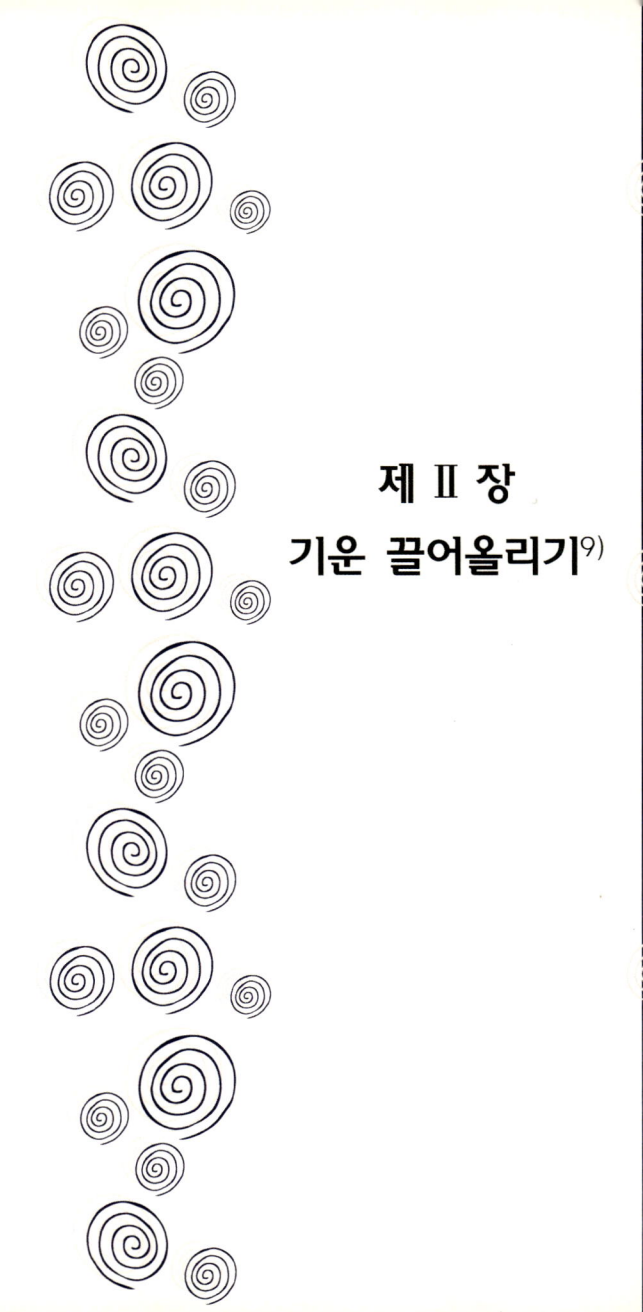

제 Ⅱ 장
기운 끌어올리기[9]

복부 압축 제항공은 앞의 서론에서 제시한 몇 가지 이론적 바탕위에 성립되었다. 즉, 성력은 씨앗의 힘을 말하며, 씨앗의 건실함은 전신건강이 있고난 후에 이루어 질 수 있는 것이다.[9]

전신건강의 핵심은 몸통 속에 위치한 오장육부의 건강 여부에 달려 있기에, 이러한 오장육부를 효과적으로 자극하기 위하여 몸통이라는 주머니를 깊은 호흡으로 압축과 이완을 반복하여 자극하고, 한편으로는 오장육부와 전신말단으로 연결된 경락을 늘리거나 움츠리거나 비틀거나 진동시키는 등의 동작을 통하여 오장육부를 자극하는 것이다.

이와 더불어 몸통 속에서 생성되는 열량에 의한 에너지를 극대화시키기 위하여, 주머니의 위쪽에 위치한 목구멍과 아래쪽에 위치한 항문을 잘 봉하고, 중간에 있는 배꼽과 명문[10]을 자극하는 것이다.

복부압축 제항공은 이러한 우리 몸의 기전을 응용하였다. 목구멍과 항문근육의 탄력을 강화시켜 몸통 속의 내열을 상승시킴

---

9) 張有寯(1993), 한청광譯, 養生大全, 도서출판까지, p803~804 참조 인용.

10) 명문(命門); 배꼽 반대쪽의 척주 중심 지점이며, 필자는 해부학상의 복횡근(腹橫筋)작용으로도 여긴다.

으로서 젊음의 에너지를 유지시켜 건강을 증진시키고 성력을 강화시켜 준다.

I. 서기(입식)

① 양발을 나란히 바른 자세로 서서, 양손바닥을 배꼽에 겹친다.(남자는 왼손을 안쪽에, 여자는 오른손을 안쪽에) ●사진1-1 참조

② 숨을 마시며 배꼽을 압축하고, 항문을 조이며, 무릎을 붙여 뒤꿈치를 들고, 고개를 최대한 숙여 후두근(喉頭筋)을 압축하며 전신을 긴장한다.(이때 숨을 멈추고 옥경을 의수(意收)하며, 혀끝 은 입천장에 말아 붙이고 이빨을 다문다.) ●사진1-2 참조

③ 숨을 뱉으며, 뒷꿈치를 내리고 전신을 이완한다.

  * 수련횟수는 각자 역량껏 조절.

2. 앉기(좌식)

가. 방바닥 앉기(방좌식)

① 양반다리로 바닥에 편히 앉아, 양손바닥을 배꼽에 겹친다.(남자는 왼손을 안쪽에, 여자는 오른손을 안쪽에) ●사진1-3 참조

② 숨을 마시며 배꼽을 압축하고, 항문을 조이며 고개를 최대한 숙여 후두근(喉頭筋)을 압축하며 전신을 긴장한다.(이때 숨을 멈추고 옥경을 의수(意收)하며, 혀끝은 입천장에 말아 붙이고 이빨을 다문다.) ●사진1-4 참조

③ 숨을 뱉으며 전신이완.

* 수련횟수는 각자 역량껏 조절.

나. 의자 앉기(의좌식)

① 양발을 벌리고 의자에 등을 기대지 말고 곧게 앉아, 양손바닥을 배꼽에 겹친다.(남자는 왼손을 안쪽에, 여자는 오른손을 안쪽에) ●사진1-5 참조

② 숨을 마시며 배꼽을 압축하고, 항문을 조이며, 뒷꿈치를 들어 발가락으로 땅을 움켜쥐고, 고개를 최대한 숙여 후두근(喉頭筋)을 압축하며 전신을 긴장한다.(이때 숨을 멈추고 옥경을 의수(意收)하며, 혀끝은 입천장에 말아 붙이고 이빨을 다문다.)

●사진1-6 참조

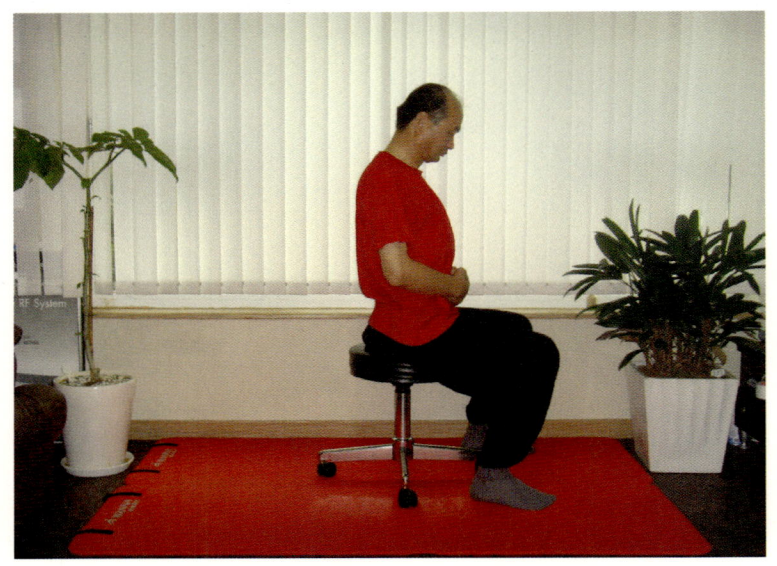

③ 숨을 뱉으며 뒷꿈치를 내리고 전신 이완.

* 수련횟수는 각자 역량껏 조절.

3. 엎드리기(복와식)

① 엎드려 양발을 나란히 붙이고 이마나 턱을 바닥에 대며, 양 손바닥을 배꼽에 겹친다.(남자는 왼손을 안쪽에, 여자는 오른손 을 안쪽에) 두 발을 나란히 붙여 엄지발가락을 바닥에 세운다.

●사진1-7 참조

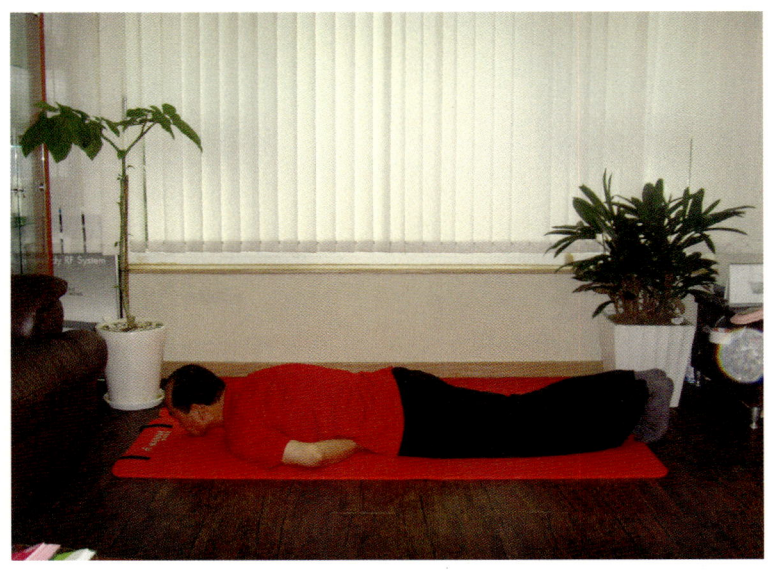

② 숨을 마시며 배꼽을 압축하고, 항문을 조이며 전신을 긴장한다.(이때 숨을 한껏 마신 후 멈추고 옥경(女;질구)을 생각하며, 엉덩이를 바닥에 최대한 밀착하여야 한다.)

③ 숨을 뱉으며 전신이완. 수련횟수는 각자 역량껏 조절(약 6~18회).

④ 겹친 손바닥 위에서 복부를 시계방향으로 돌린다. 이때 괄약근을 조였다 풀었다를 반복하며, 숨을 마실 때 옥경을 강하게 밀착하여 비비고, 숨을 뱉을 때 들어 올린다.

3-1. 부부수련 엎드리기(부부복와식)

부부가 수련할 때는, 옆에 앉아 상대의 회음부 속에 손을 넣고 압축강도를 강화시킬 수 있다. ●사진1-8 참조

여성의 경우는 남편이 옆에 앉아 한쪽 손바닥을 허리의 명문에 자연스럽게 얹고, 다른 쪽 손가락을 회음부에 삽입하여 흡착강도를 강화시킬 수 있으며, 일정기간 이러한 방법으로 강화된 이후에 보다 진보적인 방법으로는, 남편의 손가락을 아내의 질구에 삽입하여 압축력을 강화시킬 수 있다.

* 수련횟수는 각자 역량껏 조절.

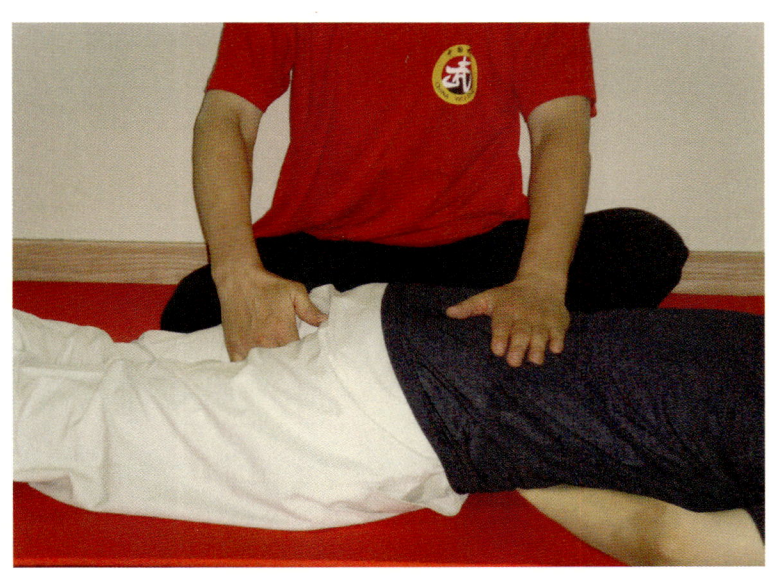

4. 바로 눕기(앙와식)

① 바른 자세로 위를 보고 누워 양발을 나란히 붙이고, 양손바닥을 배꼽에 겹치고 의수(意收).(남자는 왼손을 안쪽에, 여자는 오른손을 안쪽에)

② 숨을 마시며 배에 최대한 힘을 주어 부풀리고, 항문을 조이며 전신을 긴장한다.(이때 숨을 멈추고 옥경을 의수하며, 양다리는 곧게 펴서 무릎을 붙이고 발가락을 몸쪽으로 당긴다.)

● 사진1-9 참조

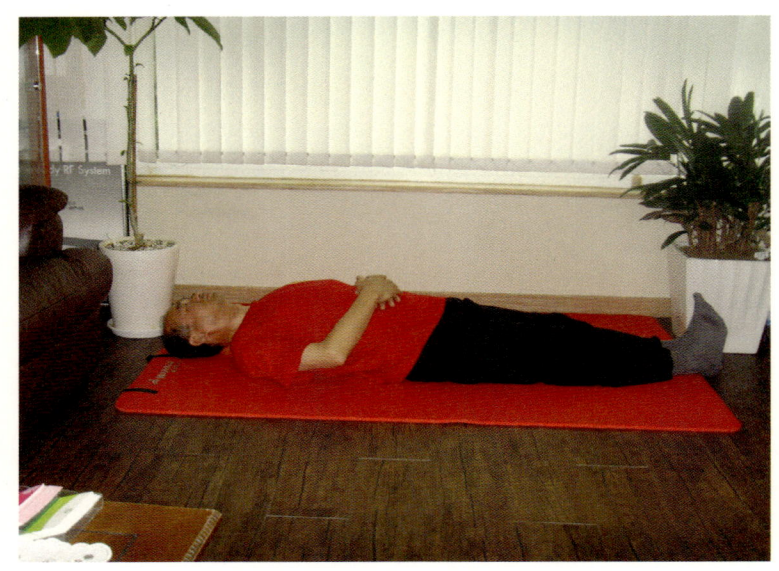

③ 숨을 뱉으며 전신이완.

5. 부부수련 바로눕기(부부앙와식)

부부가 같이 수련할 때는 상대의 옆에 앉아, 한쪽 손바닥을 치골(恥骨; 음모부위)에 자연스럽게 얹고, 다른 쪽 손가락을 회음에 삽입하여 압축강도를 향상시키는 훈련을 보조할 수 있다.

● 사진1-10 참조

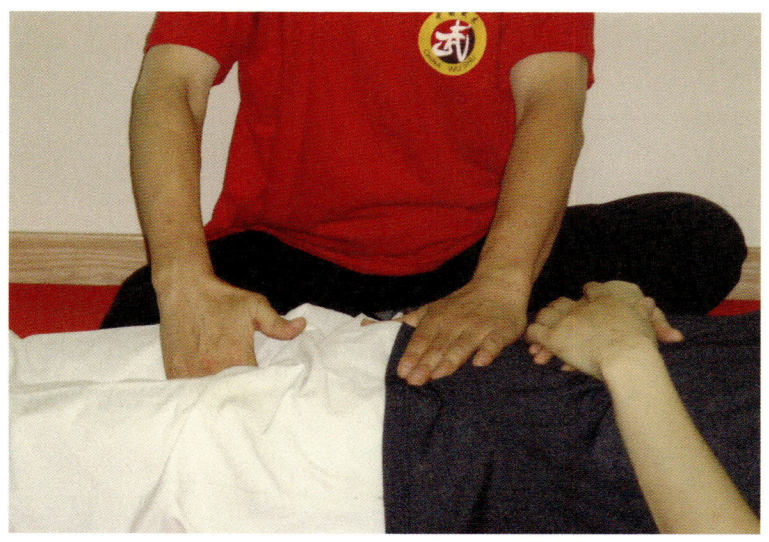

여성의 경우는 일정기간 이러한 방법으로 강화된 이후에 보다 진보적인 방법으로, 남편의 손가락을 아내의 질구에 삽입하여 압축력을 강화시킬 수 있다.   * 수련횟수는 각자 역량껏 조절.

제2절 복부 비비기

1. 회전식

① 바른 자세로 위를 보고 누워 양발을 편하게 뻗고, 양손바닥을 배꼽에 겹치고 의수(意收).(남자는 왼손을 안쪽에, 여자는 오른손을 안쪽에)

② 먼저 시계반대방향으로 36회 손을 회전시켜 마사지 한 후, 손의 위치를 바꿔 시계방향을 36회 마사지 한다. ●사진1-11 참조

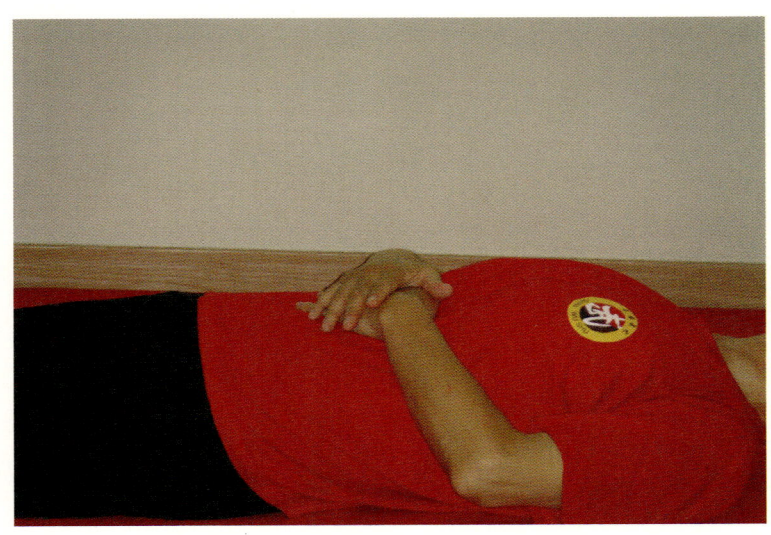

2. 상하 수직식

① 숨을 마시며 양손바닥을 치골(恥骨)부위에서 명치까지 위로 복부를 눌러 비벼 올린다.(이때, 항문을 조이며 옥경을 의수(意收)하고 발가락을 몸쪽으로 당기는데, 손바닥을 올릴 때 새끼손가락 쪽에 힘을 준다.) ●사진1-12 참조

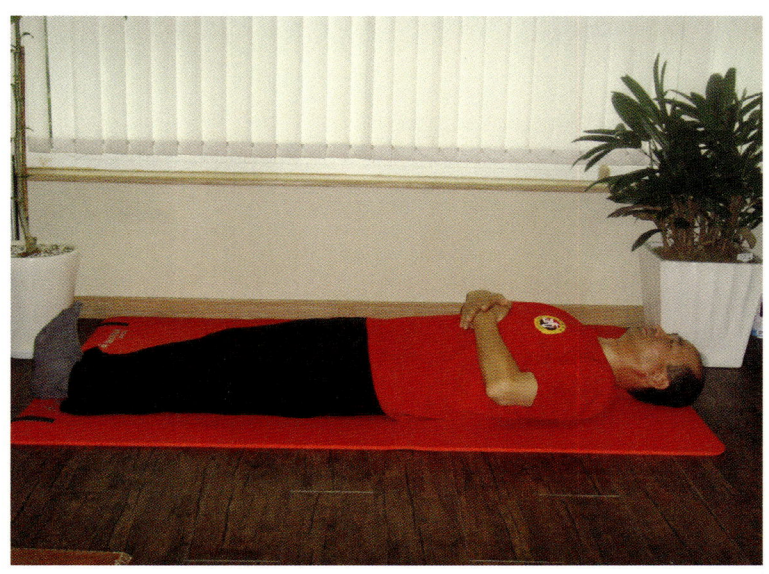

② 숨을 뱉으며 온몸을 이완하면서 손바닥을 치골까지 내리는데, 어제(魚際; 엄지손가락 쪽)부위에 힘을 준다. ●사진1-13 참조

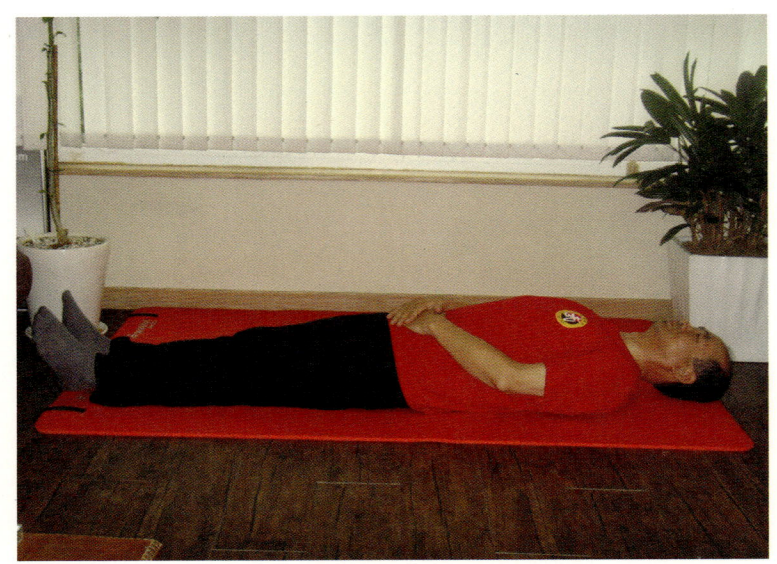

③ 각자의 역량껏 횟수를 조절하고 마쳤으면 손바닥을 배꼽에 대고 단전을 잠시 의수(意收)한 다음, 양 중지와 검지 끝을 신궐(神闕, 배꼽)에 대고 복식호흡을 하면서 숨을 뱉으며 배꼽을 누르고, 마실 때 올린다. 6회 이상 역량껏 시행. ●사진1-14 참조

④ 마무리로 위의 회전식 복부 비비기를 가볍게 시행한다.

제3절 허리 비비기

① 허리는 신장의 집이며 신장은 생식기능(외신)을 주관(腎主生殖)하므로, 허리비비기는 신장을 튼튼하게 만들어 성력을 강화시키고 만성 요통에도 우수한 효과를 나타낸다.

② 의자에서 등을 기대지 말고 곧게 앉거나, 방바닥에 양반다리로 허리를 펴고 바르게 앉는다.

③ 같은 자세로 손바닥을 최대로 올렸다가, 손가락 끝이 아래쪽 미골(尾骨)에 이르도록 손목에 힘을 주어 비빈다. 36회 이상. 손바닥을 비벼 내릴 때는 새끼손가락 쪽의 어제(魚際)부위에 힘을 주고 올릴 때는 가운데 손가락에 힘을 준다. ●사진1-15 참조

④ 양손 네 손가락으로 선골과 미골을 빠른 속도로 열나게 상하로 마찰시킨다.

⑤ 가운데 손가락을 명문혈에 붙이고 양 손바닥으로 허리를 감싼 후, 위쪽방향으로 원을 그리며 36회 이상 비빈다. ●사진1-16 참조

⑥ 가슴과 허리를 펴고 리듬 있고 경쾌하게 시행하여야 좋다.

* 마찰횟수는 각자 역량껏 조절하며 체력에 따라 차츰 늘려야 한다.

제4절 가슴 비비기

① 가슴은 남녀 모두에게 예민한 생식기능의 한 부분이다. 가슴의 안쪽에는 심장과 폐가 있으며, 겉으로는 우리 몸의 상체에서 가장 넓고 큰 근육으로 덮혀있다. 그러므로 가슴의 대흉근을 잘 풀어주면 마음이 편안해지고 안정되는 것을 알 수 있다. 평소에 배우자가 머리맡에 다리를 Y자로 벌리고 편하게 앉아 상대의 가슴을 마사지해주면 소원했던 부부의 정감이 되살아 날 수 있다.

● 사진1-17 참조

② 의자에서 등을 기대지 말고 곧게 앉거나, 방바닥에 양반다리로 허리를 펴고 바르게 앉는다.

③ 양손바닥을 가슴에 밀착하고 아래에서 위쪽으로 원을 그리며 가슴을 모으면서 비벼준다. ●사진1-18 참조

④ 손가락까지 손바닥 전체로 가슴을 포근히 감싸고 마사지 하여야 한다.

  * 마찰횟수는 각자 역량껏 조절하며 체력에 따라 차츰 늘려야 한다.

① 간은 근육을 주관(肝主筋)하므로 괄약근을 강화하여 발기력을 지속시키는데 도움을 주며, 간은 소통과 배설을 주관(肝主疏泄)하므로 뱃속의 가스와 탁기를 밖으로 배출시키고 배변을 도와 복부비만을 해소시키며, 간의 해독기능을 도와 숙취와 소화장애 및 스트레스 해소에 도움을 준다.

② 의자에서 등을 기대지 말고 곧게 앉거나, 방바닥에 양반다리로 허리를 펴고 바르게 앉는다.

③ 양손바닥을 옆구리 갈비뼈에 붙이고 위쪽방향으로 원을 그리며 밖에서 안으로 36회 이상 비빈다. ●사진1-19 참조

④ 비빌 때 파란 하늘이나 파란 바다 또는 푸른 숲을 연상한다.

  * 마찰횟수는 각자 역량껏 조절.

① 용천혈은 신장경락의 기운이 샘솟는 자리로써 음기(땅의 기운)를 받아 올려 생식기능을 주관하는 신장을 튼튼하게 하여 준다. 삼음교는 삼음(三陰; 간장, 비장, 신장)의 경락이 교차하는 지점으로써, 삼음경은 발에서 시작하여 다리안쪽을 타고 올라가 생식기를 통과하여 복부에 다다르므로, 삼음교를 자극함은 생식기능을 향상시켜주는 효과를 얻는다. ●사진1-20 참조

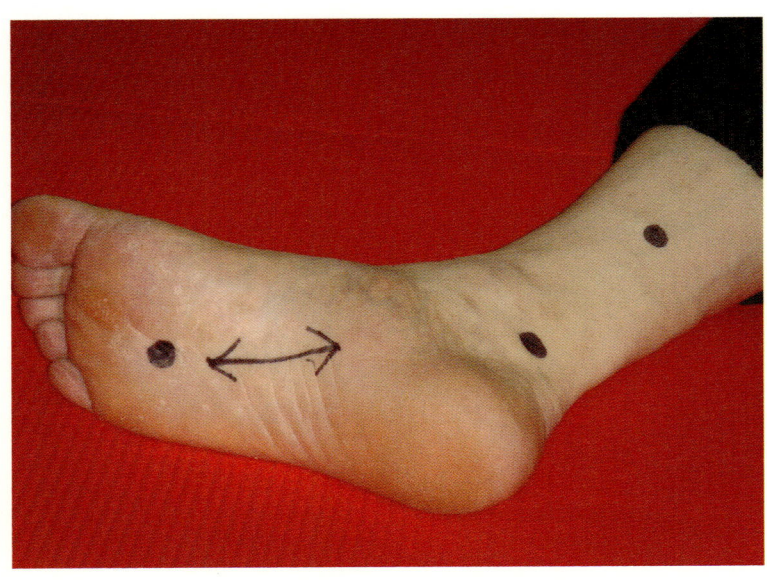

② 양 무릎을 90°가량 구부려 다리를 벌리고 발바닥이 위를 향하도록 편하게 앉는다.

③ 손바닥을 뜨겁게 비빈다.(가운데 손가락 끝까지 열나게)

④ 발뒤꿈치 → 삼음교(그림 맨 윗점); 왕복 81회 이상(역량껏) 비빈다. ●사진1-21, 22 참조

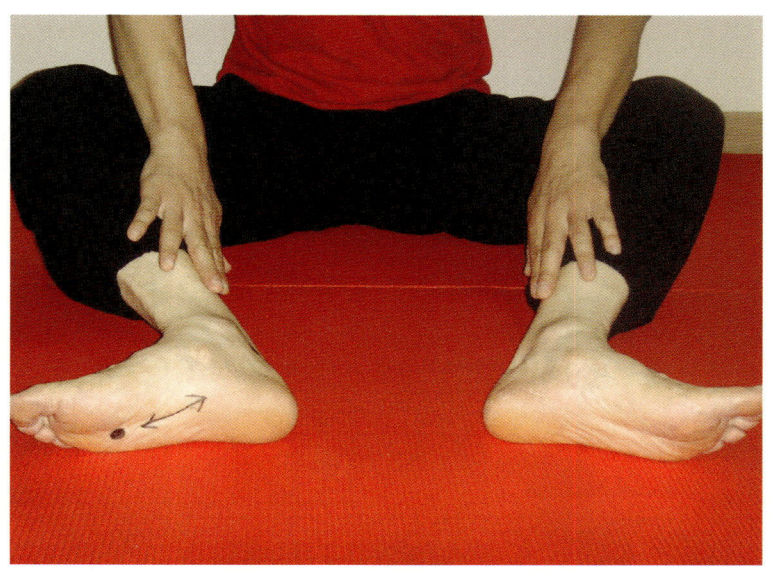

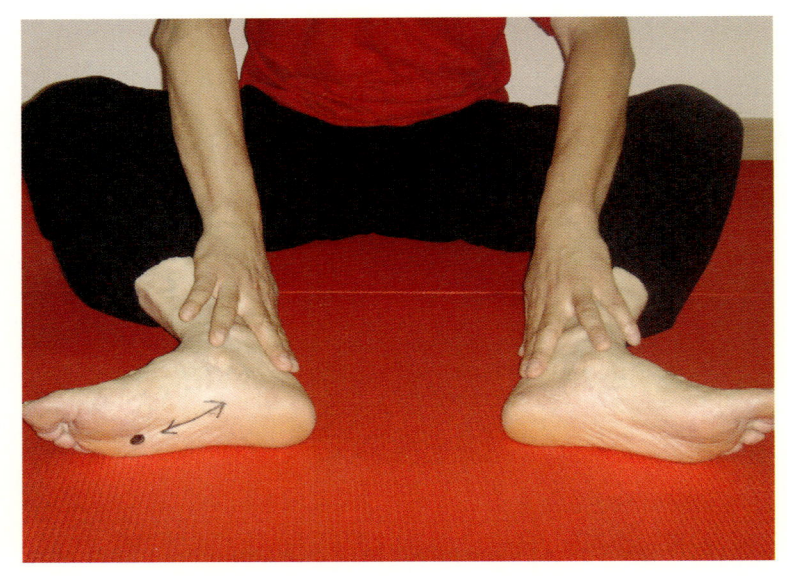

⑤ 양쪽 용천혈(그림 발바닥 점)을 양손바닥으로 원을 그리며 족내안(足內岸)까지 왕복 81회 이상(역량껏) 비비되, 리드미컬하게 괄약근 운동을 겸하며 상체를 앞뒤로 가볍게 흔든다.

●사진1-23 참조

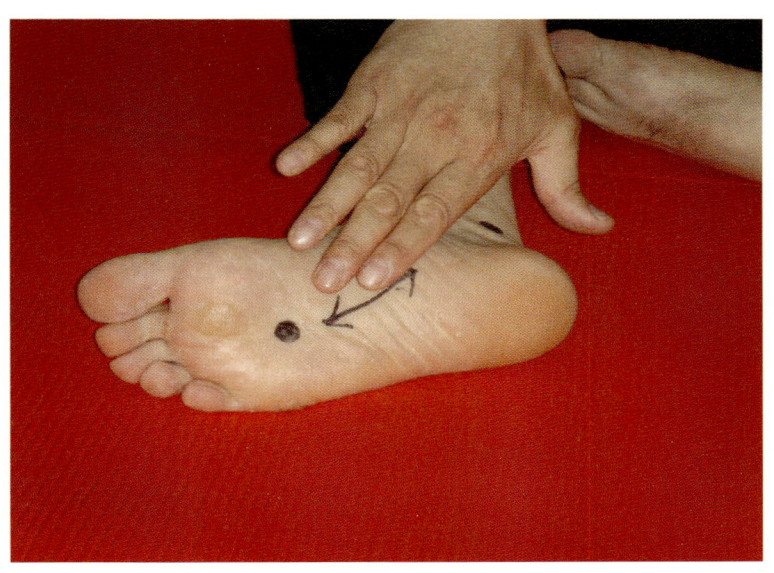

⑥ 비빌 때 검은 바다 속이나 새까만 흑진주를 연상한다.

음낭은 옥경이 발기하면 단단하게 바짝 움츠러들어 몸에 달라붙는 것을 우리는 경험을 통하여 알 수 있다. 100미터를 힘껏 달린 육상선수나 그라운드를 누빈 축구선수는 음낭과 음경이 바짝 달라붙어 있어 공격력을 나타낸다는 연구논문이 있으며, ≪노자≫55장에 어린아이는 아직 성교는 모르지만 성기가 달팽이 같이 단단하게 뭉쳐져 있는 것이 양기(陽氣)의 충만함을 나타내는 것이라고 비유하고 있다. 실제로 어린아이들이 소변을 볼 때는 음경이 달라붙는 것을 볼 수 있다.

　실제로 음낭을 지속적으로 자극하면 부족한 정자의 생산력을 향상시키고 발기력에 영향을 미치며, 낭습을 예방 치료하는 효과를 경험 할 수가 있다.

1. 전립선(회음) 비비기

① 용천비비기로 뜨거워진 손가락을 회음(전립선)에 대고 마찰시킴으로써, 양기(陽氣)를 살리고, 전립선 이상증상을 개선시켜준다.

② 엉덩이 뒤에 베개나 방석을 대고, 등(背)을 벽이나 장롱에 기대 앉아, 다리를 넓게 벌려 뻗고 편한 자세로 앉는다.

●사진1-24 참조

③ 한손으로 옥경을 잡고, 다른 손의 가운데 세손가락 끝을 회음부에 대고 회음(전립선)을 회전시키며 비벼준다. 좌우 교대로 81회 이상. ●사진1-25 참조

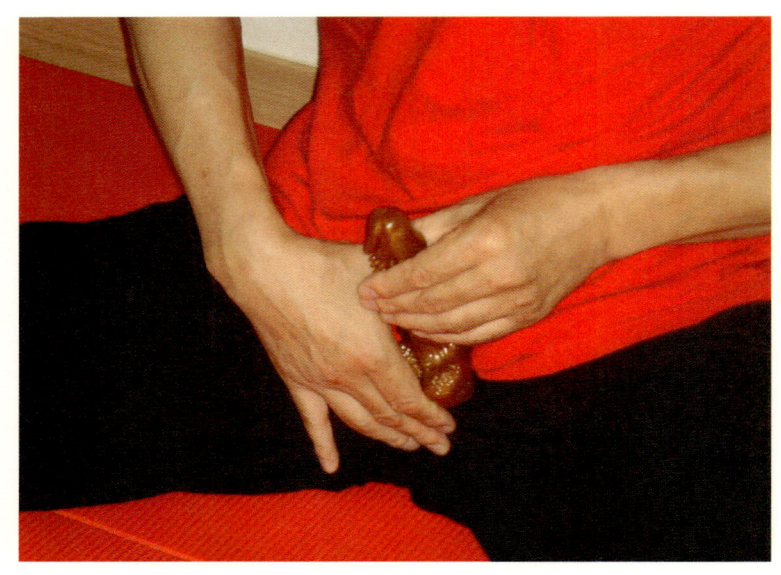

④ 동작중 허리와 가슴을 편다.

2. 음낭 두드리기

위와 같은 자세에서 음낭을 아래에서 위로 친다. 손을 바꿔가며 각각 81회 이상. ●사진1-26 참조

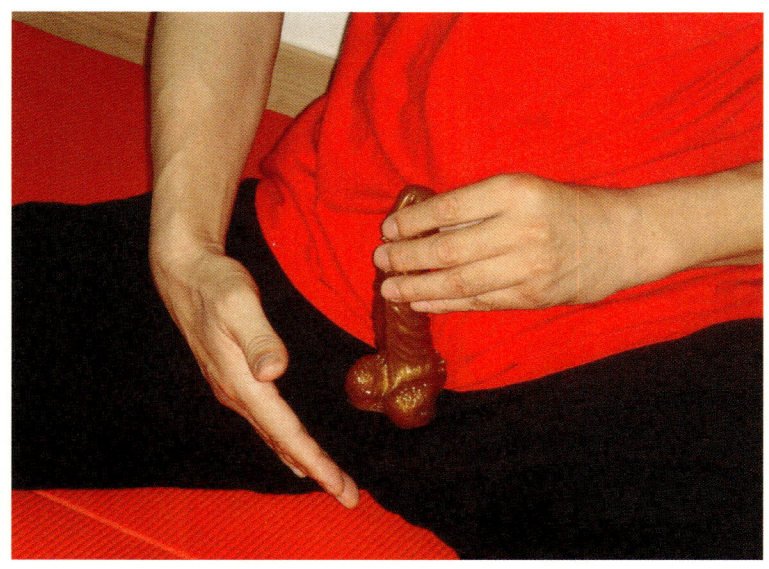

3. 음낭 주무르기

위의 자세에서, 양손가락 안에 음낭을 각각 쥐고 81회 이상 주무른다. 이 때 음낭이 찌릿 거릴 정도로 약간의 자극을 주어야 한다. ●사진1-27 참조

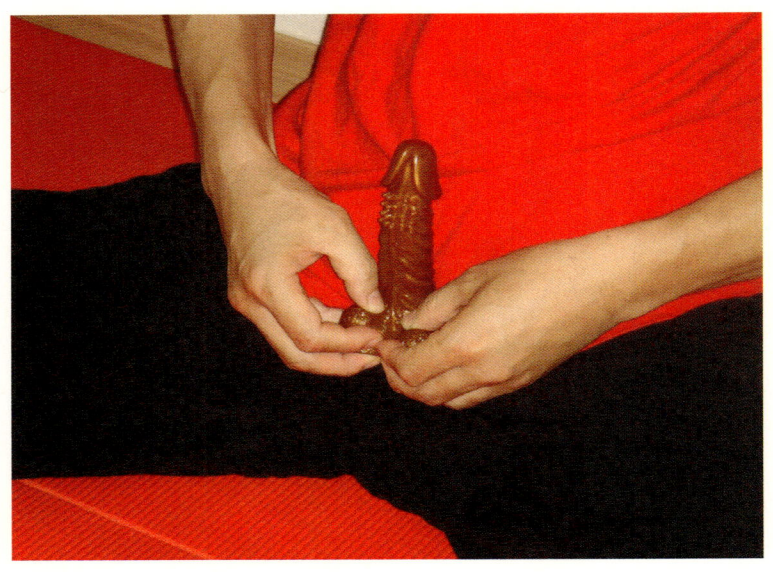

여성은 아랫배 양쪽에 위치한 난소 부위를 가볍게 두드리거나 비벼준다.

제8절 옥경공(남근공)

옥경공은 음경과 연결된 옥경뿌리의 근육을 늘리고 강화시키며, 움츠러든 남근의 해면체를 소통시켜주는 효과를 나타낸다. 실제로 수련을 통해 음경이 크고 길어졌다는 보고를 접한다.

여성은 음핵(클리토리스) 주위와 그 뿌리를 찾아 자극함으로써, 감각을 개발시키고 근본의 기운을 강화 시켜야 한다.

1. 옥경 늘리기

① 왼손가락 끝을 회음에 대고, 다른 손으로 옥경을 잡고 시계방향으로 돌리며 잡아당긴다. 18회 이상. ●사진1-28 참조

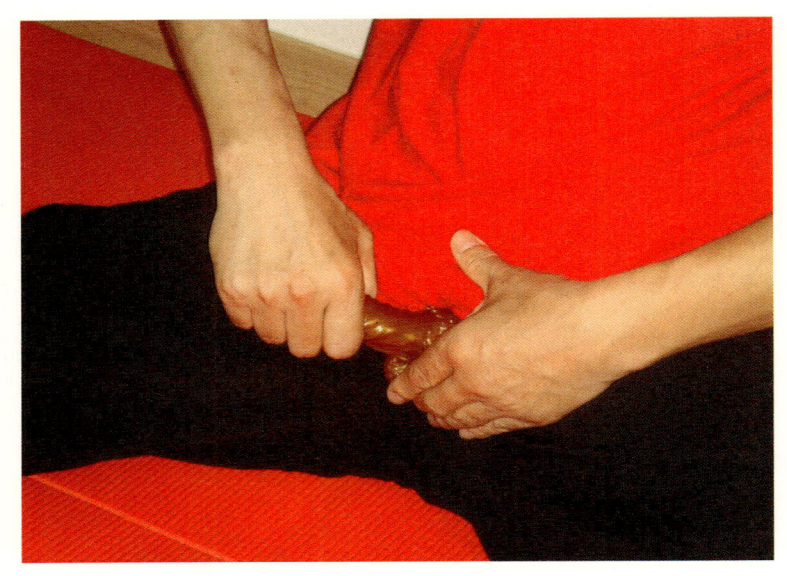

② 양손을 바꿔 같은 식으로 18회 이상 시행한다.

③ 잡아당길 때 괄약근을 조였다가, 놓을 때 이완한다.

④ 동작중 허리를 편다.

2. 옥경 비비기

① 양손바닥으로 음경을 귀두가 밖으로 나오도록 잡고 부드럽게 18~81회 이상 비빈다. ●사진1-29 참조

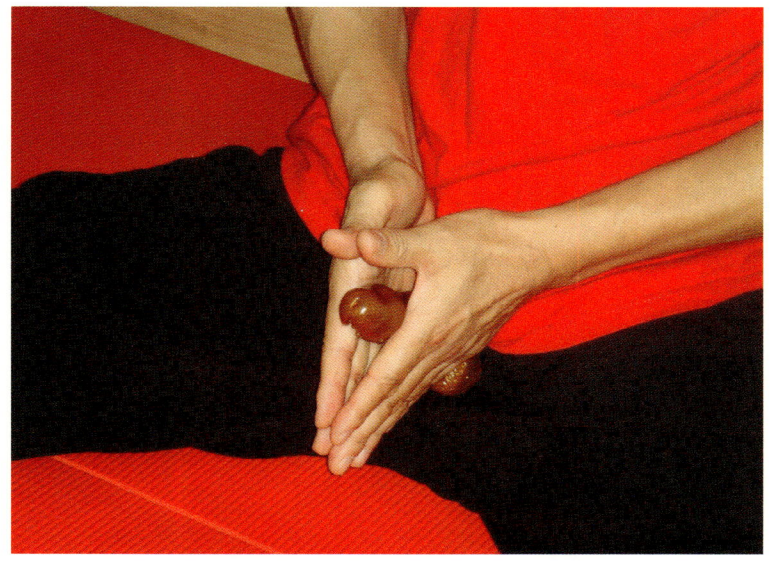

② 성욕이 일면 한쪽 손을 하단전에 다른 쪽 손 중앙 세손가락 끝을 회음혈에 붙이고 괄약근을 조였다 풀었다 하며 회음혈을 압박하며 천천히 호흡한다. 맑은 자연의 경관을 생각하며.

③ 회음을 누르며 옥경의 귀두부로 하단전을 치며 흔든다. 좌우 교대로 81회 유연하게 시행한다.

 ## 제9절 사타구니 비비기(서혜부마찰공)

사타구니에는 하지의 림프절이 있어 다리에 이상이 있으면 소위 멍울(가래토시)이라는 것이 생겨 열이 나고 아프며, 복부와 고관절의 접합부분으로써 생식기의 건강상태와 하체의 기능을 나타내는 중요한 자리이다. 걸음걸이의 자유스러움이 사타구니의 건강표현이다.

① 다리를 벌리고 앉거나 무릎을 약간 굽히고 서서, 속옷 상의로 서혜부를 덮는다.

② 양손날을 서혜부에 밀착하고 상하로 열이 나도록 비빈다.
●사진1-30 참조

64|

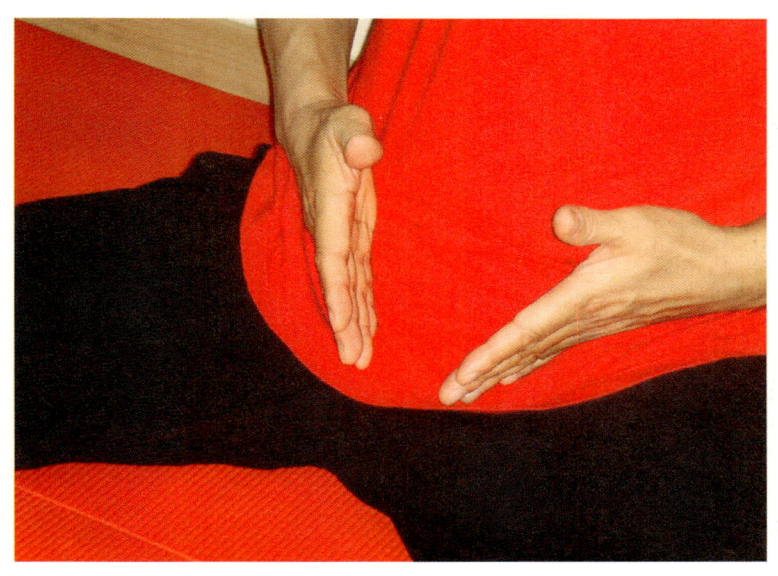

③ 하지 부종과 무릎관절 통증에도 하체의 림프액 순환이 순조로워져 좋은 효과를 나타낸다.

제 III 장
사정 억제 방중술
수련법

제1절 남성의 사정과 비사정에 관하여[11]

사정과 비사정에 관한 사항은 세간의 첨예한 관심사항이다. 세칭 용불용설(用不用泄)이라는 말로 교접 시마다 정액을 배설하여 새로운 샘물이 솟기를 기대함이 건강에 유익한지, 수련을 통해 이를 억제하여 저장함이 옳은지를 논하는 중요한 사항이다. 또한 수련을 통해 정액을 배설치 않고도 소위 오르가슴에 합당한 성적 쾌락을 느낄 수 있는지에 관한 일반인들의 회의적 시각이 만연되어 있는 현실이다. 더불어 인위적인 사정의 억제는 질병을 초래할 수 있다는 다분히 서양의학적인 견해가 지배적인 것이 사실이다. 이에 관해 연구 고찰한 아래의 문헌내용을 통하여 이 시대에 만연된 성생활의 오류를 바로 잡아 새 시대 새로운 성문화운동을 선도하고자 한다.

≪옥방비결≫에서 채녀가 묻기를

"남녀의 교접에서는 사정으로 즐거움을 가지는 것인데, 지금 그것을 닫아 사정하지 않으면 도대체 무엇을 낙으로 삼으리오?"

---

11) 인문종(2007), 養性에 관한 문헌적 고찰, 박사학위논문, p188~194 참조인용.

라고 일반적으로 생각하는 사항을 황제의 하문을 받은 소녀가
질문하니, 팽조가 이에 관해 대답하길

> "무릇 사정하고 나면 몸이 노곤하고, 귀에서 윙윙 소리가 나고, 눈이
> 껄끄러우며 졸음이 쏟아지고, 목구멍이 건조해지며, 뼈마디가 노곤해
> 진다. 비록 다시 회복된다지만, 잠깐의 쾌락이 결국에는 즐겁지 아니
> 하게 된다."

라고 사정 후에 나타나는 피폐한 몸의 증상을 설명하며,

> "만일 행하여도 사정을 참으면 기력이 남아 몸이 편안하고, 눈과 귀
> 가 총명해진다. 비록 스스로 억제하여 가라앉혀도 사랑하는 마음은
> 더욱 더 커질 것이다. 항시 약간 부족함이 사정하는 것보다 어찌 즐
> 겁지 않으리오."

라며 비사정의 여유와 효험을 말하고 있다. 구체적인 비사정의
효과에 대한 황제의 질문에 답하는 소녀의 말을 보면,

> "**한번** 교접하여 사정하지 않으면 기력이 강해지고,
> **재차** 교접하여 사정하지 않으면 눈과 귀가 총명해지며,
> **세 번** 교접하여 사정하지 않으면 온갖 질병이 없어지고,
> **네 번** 교접하여 사정하지 않으면 오신(5神)[12]이 저장된 오장(五臟)

---

12) 『동의학사전』, 과학백과사전종합출판사(1990), 도서출판까지. p729.

이 편안해진다.

다섯 번 교접하여 사정하지 않으면 인체의 모든 혈맥이 충실하고도 건장해 집니다.

여섯 번 교접하여 사정하지 않으면 등허리가 튼튼해집니다.

일곱 번 교접하여 사정하지 않으면 엉덩이와 넓적다리에 힘이 붙습니다.

여덟 번 교접하여 사정하지 않으면 온몸에서 광채가 납니다.

아홉 번 교접하여 사정하지 않으면 수명이 연장됩니다.

열 번 교접하여 사정하지 않으면 신명(神明)이 도통하게 됩니다."13)

라고 사정억제의 효험을 상세하게 나누어 대답하고 있다.

사정의 당위성을 주장하는 서양의학적인 시각의 대표적인 논문을 인용하면.

"……흥분으로 인하여 극도로 충혈된 성기나 부성기(副性器)를 시원스러운 사정을 통하여 완전히 이완시키지 않으면 성기와 부성기에 염증을 일으키는 부작용이 발생할 수 있으며, 또한 성선(性腺)과 부성선이 폐용성위축(廢用性萎縮)을 일으켜 성선의 기능저하를 일으켜서 불로장생에 불리한 조건을 만들 것이다. 그러므로 치열한 생존경쟁의 사

오신(五神); 정신 의식 활동을 신(神), 혼(魂), 백(魄), 의(意), 지(志)등 5가지로 갈라서 표현한 말. 동의고전에 --가운데서 신은 심(心)에, 혼은 간(肝)에, 백은 폐(肺)에, 의는 비(脾)에, 지는 신(腎)에 간직되어 있다고 한다.

13) 丹波康賴(1993), 전게서, 還精第十八, 翟雙慶등譯, 華夏出版社., p469~470, ≪옥방비결≫인용.

회 속에서 생활하면서 받아온 신체적 질병과 노화를 촉진시키는 정신적 스트레스를 만족한 성행위와 시원스러운 사정을 통하여 해소시킴으로서, 자율신경의 평형실조를 정상상태로 회복시켜 정신신체질환을 예방하고 활력에 넘치는 생활을 영위해야 장생에 도움이 될 것이다."[14]

"10분간의 성행위시에 소모되는 칼로리는 계란 1개의 칼로리에 해당하므로 성행위로 인하여 소모되는 에너지나 체력은 과대평가할 것이 못된다."[15]

라고 말하여, 앞에서 팽조가 언급한 '사정 후 피폐해지는 몸의 증상'과 상당한 대조를 이루는 바, 이는 실천자 각자의 판단에 따를 일이리라.

수련을 통해 사정을 조절하면 정력이 왕성해지고 건강 장수한다는 것이 동양적인 시각이다. 이에 관하여는 ≪마왕퇴백서≫의 내용[16]에 상세히 나와 있다. 왕자 교부가 묻기를

"우리 몸의 기 가운데 가장 중요한 것이 무엇인고? 팽조가 답하길 사람의 기 가운데 가장 중요한 것은 성기가 오그라들지 말아야 하는 것입니다. 음정의 기(성기)가 장애를 받거나 막혀 통하지 않게 되면 전

14) 이동호(1988), 「수련도교의 방중술에 관한 현대의학적 고찰」, 한국도교사상연구총서 『도교와 한국문화』, p447.

15) 이동호, 前揭書, p443.

16) 馬繼興(1992), 『馬王堆古醫書考釋』, 湖南科學技術出版社. p922~933, ≪十問≫중 "六問" 인용.

신의 혈맥에 질병이 생깁니다. 음정의 기능이 불건전(불량, 불성숙, 불강장)하면 인체는 곧 정상적으로 건강한 생장을 할 수 없습니다. 그러므로 한 인간의 수명이 길고 짧아지는 관건은 마땅히 성기의 생리 상태에 달려 있습니다. 그러므로 성기를 사랑으로 보호하고 보양(保養)함과 동시에 중시하여야 합니다."[17]

라고 대답하여, 성기가 잦은 사정을 통해 시들지 않도록 보존 관리 되어야 함을 역설하고 있다.

한편 도가에서는 정을 가장 귀하게 여겨

"베풀면 사람을 낳고 머물면 몸을 보존한다고 생각한다. 몸을 보존하면 신선이 될 수 있고, 사람을 낳으면 맡은 바 소임을 다하고 몸이 물러나는 것이다. 공(功, 子嗣)을 이루고 몸이 물러나도 욕구가 일면 힘을 쓸 수 있다. 그러나 함부로 베풀어 정을 훼손하면 손상됨을 깨닫지 못하다가 몸이 피로해지며 생명을 잃게 된다. 천지에는 음양이 있고, 음양은 사람을 귀하게 여기며, 귀한 것이 합해 도가 되는 바, 낭비하지 말고 신중할지어다."[18]

라고 정(精)의 귀함을 말하고 있다. 또한,

---

17) 馬繼興(1992), 前揭書, p922~933, ≪十問≫중 "六問" 인용.【原文二十五】

18) 宋書功편저(1993), 『中國古代房室養生集要』, 中國醫藥科技出版社. 前揭書, p.206, ≪御女損益≫인용.

"무릇 하늘이 만물을 낳았으나 오직 사람이 제일 귀하다. 사람이 높임을 받는 것은 지나친 욕구를 삼가고 음양의 법도를 따름이며, 그 이치를 깨닫고 양성(養性)하는 자는 수명을 늘리고, 그 이치를 무시하는 자는 몸을 해쳐 요절하게 된다. 그 앉고 누워 펼치는 모양과, 엎어지고 잦혀져 열리고 베푸는 기세, 앞으로 옆으로 뒤로 나아가는 방법, 깊고 얕게 출입하는 규칙은 음양의 이치에 따르고, 오행의 수법을 모두 갖추었다. 그 이치를 따르는 자는 수명을 보존할 것이요, 이를 어기는 자는 위험하게 망하리라."[19]

라는 말로 욕심을 줄여 양성함으로서 장수에 이르는 길을 동현 자라는 책을 통하여 가르치고 있다.

 ## 제2절 적당한 사정 횟수

연령별, 체력별로 적당한 사정 횟수에 관한 설명이 여러 방중술 고서에 다양하게 명시[20]되어 있으며 그 대강은 다음과 같다. 옥방비결에서 논하는 황제와 소녀의 대화내용은 다음과 같다.

---

19) 丹波康賴, 前揭書, 至理第一, p463, ≪洞玄子≫인용.
20) 丹波康賴, 前揭書, 施寫第十九, p470, ≪玉房秘訣≫인용.

"남녀교접의 도에서 요구하는 것은 정기를 잃지 않기 위해 정액을 아끼라는 것인데, 자식을 얻고자 하는 바 어찌 사정하지 않으리오? 소녀가 답하기를; 사람은 강약이 있고 나이에 따라 늙고 젊음이 있어 각각 그 기력에 따르리니 무리한 쾌락의 욕구를 버려야 합니다. 무리한 쾌락은 곧 신체에 손상을 줍니다. 그러므로 남자가 15세가 되어 왕성하면 하루에 두 차례 사정하고, 수척하면 하루에 한차례 사정할 수 있습니다. 나이 20세가 되어 왕성한 자는 하루에 두 차례, 약한 자는 하루에 한차례가 가능합니다. 나이 삼십이 되어 왕성한 자는 하루에 한차례, 기력이 떨어지는 자는 이틀에 한차례 사정 합니다. 사십에 강성한 자는 삼일에 한차례 허한 자는 사일에 한차례 사정합니다. 오십에 왕성한 자는 오일에 한차례, 허한 자는 십일에 한차례 사정합니다. 육십에 왕성한 자는 십일에 한차례, 허한 자는 이십일에 한차례 사정합니다. 칠십에 왕성한 자는 삼십일에 한차례, 허한 자는 사정하지 말아야 합니다."

"나이 이십에는 통상 이틀에 한차례 사정하고; 삼십에는 삼일에 한차례 사정하며; 사십에는 사일에 한차례 사정하고; 오십에는 오일에 한차례를 사정하며; 나이 육십이 넘으면 사정하지 말아야 합니다."

라고 사정의 횟수를 논하고 있다. 양생요집에서 道人유경이 전하는 말로는

"봄에는 삼 개월에 한차례 사정하고, 여름과 가을에는 한 달에 두 차례를 사정할 수 있으며, 겨울에 임하면 정을 닫고 사정하지 말아야 합니다. 무릇 하늘의 도리로 겨울에는 그 양기를 감추노니, 사람은 능

히 그 법을 따름으로서 장생할 수 있습니다. 겨울에 한차례 사정하는
것은 봄에 백번 사정하는 것과 같습니다."

천금방에서는 소녀법이라 하여 말하길;

"사람의 나이가 20세인 자는 4일에 한번 사정하고; 나이가 30세인 자
는 8일에 한번 사정하며; 나이 40된 자는 16일에 한번 사정한다; 나이
가 50이 된 자는 21일에 한차례 사정하고; 나이 60에 으르른 자는 정
을 닫아 다시는 사정하지 않아야 한다. 그러나 체력이 특별히 건장한
사람은 한 달에 한차례 사정할 수 있다. 무릇 사람의 기력이란, 자연적
으로 강성한 기력이 넘쳐 참을 수 없는 자가 있으며, 이런 사람이 오랫
동안 억지로 참고 사정하지 않으면 옹저(癰疽, 악성종양)가 생길 수 있
다. 만약 나이 60이 넘은 자가 수십일 동안 교접을 하지 않았는데도
생각이 그다지 나지 않는 자는 정을 닫고 사정하지 않아야 한다."

이밖에도 사정의 횟수를 여러 서적에서 연령과 체력의 강약
및 계절에 따라 그 간격을 자세하게 설명하여, 양성(養性)의 가
르침으로 삼고 있다.
문제는 혈기가 왕성한 현대의 청소년들이 자위의 중독에 빠져,
선현들이 인체의 생리적인 면을 살펴 제시한 사정의 간격을 많
이 초과하여, 본연의 학습에 심각한 영향을 초래하고 있다는 사
실이다. 이는 현재 청소년의 자위행위를 부추기고 있는 듯이 자
행되고 있는 청소년 성교육의 문제점이다.

사정이 임박하였을 때 이를 참아 넘기는 방법에 관해 여러 방중 고서에서 다양하게 논하고 있다. 이에 관해 ≪의심방≫의 소녀경에서 말하길

> "상대를 대하여 보기를 집안의 흔한 기왓장처럼 여기고, 자기 자신은 금옥처럼 귀하게 여기라. 정액이 나오려 하면 마땅히 그 포근함에서 벗어나야 한다. 여인 대하기를 낡은 새끼줄로 달리는 말을 다루듯이 하고, 웅덩이 아래에 있는 칼날 위에 떨어질까 두려워하듯 하며 정액을 아끼면, 수명 또한 궁하지 않으리라."

라는 말로 사정 억제의 방법을 말하고 있다. 사정억제에 관한 상세한 내용은 다음 장의 환정보뇌술에서 재론하였다.

1. 주머니 요법

우리는 자기 몸의 돌출된 부분을 보호하기 위한 여러 모양의 장구(粧具)를 사용하고 있다. 머리를 보호하거나 멋을 내기 위한 각양각색의 모자를 쓰고 있으며, 손에 끼우는 장갑과 발을 보호하는 양말 등은 누구나 사용하는 생활필수품이다. 그러나 정작

소중히 감싸야할 옥경을 위한 장구(粧具)에 대한 생각은 동서고
금을 통하여 전해지지 않고 있다. 다만 우리가 미개하다고 치부
하는 아프리카의 일부 전통부족들 사이에서만 소규모로 전해지
고 있을 뿐이다. 이는 성기(性器)를 우리 몸의 다른 부위보다 먼
저 쇠약해지지 않도록 하기 위해서라도(마왕퇴백서 "五問"참조)
시정하여야 할 문제이다. 중동의 일부 주민들이 모래사장에 단련
하듯이, 효과적으로 옥경의 귀두 피부를 단련하고, 음낭과의 습
기를 차단시키며, 환기가 잘되는 천 주머니를 팬티의 안쪽에 부
착하여, 평소에 귀중히 감싸서 모셔야 하겠다. 이는 새로운 성문
화 발전을 위한 실용성의 일환이므로 결코 번거롭게 생각할 일
이 아니다.

필자의 경험으로는 목욕 시에 사용하는 각양각색의 손바닥 크
기 때수건이 적당하였다.

2. 소변 끊기 훈련방법

매스미디어의 발달로 남녀를 불문하고 비뇨생식기 질환을 예
방하고 치료하는 운동법으로 알려진 괄약근운동을 우리는 이미
들어 알고 있다. 소위 P.C.근육운동이라 하여 1960년대에 서유
럽의 산부인과 의사가 출산부인의 하혈을 치료하기위해 개발하여
자신의 이름 약자를 따서 P.C.근육운동이라 명명하였다고 일반

적으로 알고 있으나, 동양에서는 수련자들이 호흡과 겸해서 실행해오고 있는 수천 년 된 운동법으로서 제항공(提肛功)이라 불리워졌다. 호칭의 유래를 불문하고 괄약근을 조였다 풀었다를 반복하는 이 운동이 비뇨생식기에 상당한 효과가 있음은 물론, 단전의 기운을 모아주고 배변기능을 향상시키며, 복부비만과 장의 운동작용에 효과적이라는 것은 익히 아는 일이다. 하지만 모든 운동이 그렇듯이 아무리 좋은 방법이 있어도 지속적인 실행이 없이는 효과를 기대하기 어렵다. 그러므로 효과적인 운동의 실행을 위하여 본 수련자는 이를 "소변끊기"라고 명명하고자 한다.

성인남녀는 하루에 최소한 5~6회 이상은 소변을 배출하고 있다. 소변이 나가고 멈추고를 조절하는 근육은 괄약근이 주관하고 있다. 그러므로 우리가 소변보는 시간마다 중간에 한차례라도 소변을 멈출 수 있다면, 항문주위에서 치골(恥骨)부위까지 넓게 펼쳐져 있는 괄약근을 자극하게 될 것이다. 각자의 능력에 따라 멈추는 횟수를 차츰 조절하여야 할 것이며, 그 시간이 하루를 모두 합해 보아야 10분을 넘지 않을 것이다. "소변끊기" 운동이 지속적으로 쌓이면 그렇지 않은 사람과는 시간이 지날수록 능동적 야성(野性)에 커다란 차이가 날 것이다. 이는 인체의 근본 씨앗을 튼튼하게 해주어 성력을 왕성하게 길러주고 전신의 건강을 증진시킬 뿐만 아니라, 삶의 의욕을 고취시킬 것이다.

3. 자위 수련법

자위수련법은 주머니 요법과 소변끊기를 실행하여, 기본적인 발기능력이 이루어진 단계에서 실행할 수 있는 수련법이다. 보통은 제Ⅱ장 도인술 제7절 옥경공의 옥경 비비기를 시행한 다음 발기가 된 상태에서 자위행위를 하면서 시행하는 것이 좋다. 처음에는 자위행위를 하여 흥분상태로 진입하면 즉시 멈추는 훈련을 하여야 한다. 자신의 최소 욕망을 조절할 수 있는 단계가 되면 차츰 감정의 흥분상태가 높아질 때까지 자위행위를 할 수 있다. 자신의 욕망을 이성으로 조절하기가 결코 쉬운 문제는 아니므로, 수련 중 시행착오를 자주 겪게 된다. 그러므로 고대로부터 방중술을 수련하여 건강증진의 경지를 이룬 사람보다, 욕정을 쫓다가 심신의 건강을 잃은 사람들이 많은 것이다.

제 Ⅳ 장

정기를 끌어올려 뇌를 맑게 만드는 방법

(환정보뇌술還精補腦術)[22]

스포츠에서 절정체험을 얻는 선수와 얻지 못하는 선수가 있듯이, 남녀교합의 방실(房室)에서도 이와 같다. 이러한 "절정체험(Peak experience)은 내맡김(Gelassenheit)으로써 실천지(實踐知, Embodied Knowing)에 이르는 길이며, 이는 의식전이(意識傳移)를 통한 상황전이(Altering State)로 몰입(沒入, 無我, 至竟)하는 것이다."22)

이러한 절정체험 이후에, 광명(光明)이 유지되는 경우와 암흑으로 빠지는 경우가 있다. 방중술의 극치는 교접시 환정보뇌를 통하여 절정체험을 지나 광명으로 인도하게 하는 것이다.

일반적으로 욕구(食, 色)가 충족되는 순간 빛은 소멸된다. 그러나 이러한 광명의 유지는 저항(수행, 수련)을 통해 지속성을 가질 수 있다.

---

21) 張有寯(1993, 한청광譯), 前揭書, p796~802발췌인용.

22) 김정명(2005), 체육철학연습, 명지대학교출판부, 전체발췌인용.

제1절 서 론

사정을 억제하고 그 정(精)을 되돌려 뇌를 보하는 방법이 고서의 여러 방중서적에 다양하게 기록23)되어 있다. 이에 관한 몇 가지를 인용하면, 옥방지요에서 전하기를;

> "하루에 수십 차례의 교접을 하여도 사정하지 않을 수 있으면, 모든 질병이 없어지고 수명이 연장된다."

≪선경≫에서는,

> "환정보뇌(정을 되돌려 뇌를 채우는)의 길은, 교접을 하다가 정이 크게 움직여 사정하려 하면, 급히 왼손중지로 음낭과 항문사이(회음)를 누르되, 힘써 압박하고 길게 숨을 토하며 치아를 수십 차례 악물며 숨을 멈춘다. 그렇게 하면 정액이 나오려다가 역행하여 옥경을 거슬러 올라가 뇌 속으로 들어간다. 이 방법은 신선들이 비전으로 피를 마시며 맹세하기를, 몸에 재앙을 입게 되니 함부로 세상에 전하지 말라 하였다."

라는 말로 그 중요성을 인식시키며 오남용을 경계하고 있다.

---

23) 丹波康頼, 前揭書, p470, ≪옥방지요≫인용.

이와 같이 회음압박술은 비전의 방중술 수련법에서 문자를 통해 전하지 않고 사제간에 입을 통해서만 전해졌다. 핵심은 사정을 참지 못할 때에 2, 3, 4지 손가락 끝으로, 회음(음낭아래 항문사이 중간지점) 줄기의 약간 요(凹)한 부위를 압박하는 것이다. 숙련된 자는 정액을 한 방울도 사정하지 않을 것이요, 어지간한 수련자라도 소량의 사정으로 오르가슴을 얻고, 잠시 후 다시 발기 될 것이다. 함부로 자주 사용하면 건강을 해치므로 수련자 외에는 함부로 전하지 말아야 한다.

또 전하기를;

"만일 여자를 접하여 유익하고자 하는데 정이 크게 동하면, 황급히 머리를 들어 올리며 눈을 부릅뜨고 좌우상하를 바라보며 아래를 웅크리고 숨을 멈추면 사정이 스스로 억제 된다. 함부로 세상에 전하지 말라. 인간은 한 달에 두 번 한해에 24차례 이 방법을 행하면, 정이 모두 수명으로 이어져 1~2백세를 살며, 안색이 밝아지고 병이 없어진다."

라는 말로 비사정의 중요성을 설파하고 있다. 환정보뇌에 관한 또 다른 설명으로

"무릇 사정하려하면 입을 다물고 눈을 부릅뜨면서 숨을 멈추고 양손을 움켜쥐면서 좌우상하로 코를 움츠리며 숨을 들이킨다. 이때 생식기와 배를 당겨 올리면서 등골을 약간 굽히고, 급히 왼손 가운데 두 손가락으로 회음을 누르면서 숨을 길게 내쉬고 치아를 여러 번 부딪

치면, 정(精)이 위로 올라가 뇌를 보하면 장수한다. 만일 정을 망령되이 방출하면 신(神)이 손상된다."

라고 ≪방중보익≫에서 말하고[24]있다. 보다 더욱 높은 차원의 방중술로는

"사람이 늙지 않고 오래 살려면, 먼저 여자를 희롱하고 옥장(玉漿)을 빨아 마셔야 하는 바, 옥장이란 여인 입안의 침을 일컫는다. 남녀의 분위기가 무르익으면 왼손으로 옥경을 움켜쥐고, 단전의 붉은 기운(속은 노랗고 겉은 흰색)이 해와 달로 변하여 단전을 배회하다가 합쳐져 니원(泥垣, 인당)으로 들어간다는 상상을 한다. 이때 해와 달이 합쳐짐과 동시에 옥경을 깊이 삽입하고 출입을 멈춘 상태에서, 상하로 천천히 숨을 쉬다가 마음이 움직여 사정하려면 급히 옥경을 뺀다. 이는 상사(上士)가 아니고는 쉽게 행할 수 없다. 여기에서의 단전이란 배꼽아래 3치를 말하며, 니원(泥垣, 인당)이란 머릿속 양눈 사이의 안쪽으로, 여기에서 해와 달이 합쳐진다고 생각해야 하는 바, 직경 3치의 두 반원이 하나로 합해지는 해와 달을 연상함이며, 이는 방사중 줄곧 상상해야 좋은 효과가 나타난다."

라고 ≪선경≫에서 전하고 있는데, 이는 수련을 통하여 상하단전의 축기를 소통시키는 경지로 여겨진다. 구체적인 사정억제를 통한 환정보뇌술의 수련방법은 아래와 같다.

---

24) 宋書功편저, 前揭書, p.219, ≪房中補益≫인용

제2절 음기 마시기(흡음공, 吸陰功)

준비식 편하게 눕거나 앉거나 서서, 양손바닥을 단전에 겹치고,(남자는 왼손이 안쪽 여자는 반대) 눈을 가늘게 감은 상태에서 용천을 1분 이상 생각하며 자연호흡을 한다.(용천혈에 기감이 느껴져야 한다.)

1. 흡음1식

① 숨을 마시며 의념으로 기운을 용천 → 양쪽복숭아뼈(안쪽) → 정강이 → 무릎 → 허벅지 → 회음으로 올려 잠시 머문다.(수련정도에 맞도록 시간을 차츰 늘린다.)
② 숨을 뱉으며 회음 → 용천까지 거꾸로 내리고 잠시 머문다. 왕복 3회 이상 각자 역량껏 수행.
③ 두 손바닥을 배꼽에 겹치고 자연호흡으로 1분 이상 의수(意守).

2. 흡음2식

1식과 같으나 수련이 깊어지면, 회음에 다다른 기운을 꼬리뼈를 거쳐 명문(命門)에 이르도록 한다. 왕복 3회 이상 각자 역량껏 수행. 꼬리뼈로부터 열기가 뻗쳐오르는 기감(氣感) 의수.

3. 흡음3식

  2식과 같으나 수련이 깊어지면, 명문(命門)에 다다른 기운을 단전을 거쳐 옥경 귀두(女, 옥문)까지 보낸다. 왕복 3회 이상 각자 역량껏 수행.

수공(收功) 양손바닥을 열나게 비벼, 노궁혈을 눈에 대고 시원한 기운을 느끼며 잠시 머문 후, 얼굴을 비빈다.

주의사항

① 호흡은 가늘고 고르며 길고 깊게 하여야 하며, 숨멈추기를 차츰 늘려 숨쉬기와 멈추기 까지가 30분 까지 가면 좋다. 그러나 들숨과 날숨이 길어야만 꼭 좋은 것은 아니다.

② 숨을 지그시 마시며 발가락을 움켜쥐고, 항문을 조이며, 배를 수축시켜 당기고, 중충으로 노궁을 강하게 누르면서 주먹을 강하게 쥐고, 혀끝을 입천장에 말아 붙이며 어금니를 다물고, 고개를 최대한 숙여 목구멍을 강하게 압축하고 멈춘다.(긴장 없이 의수와 호흡만으로도 수행 가능.)

③ 내 쉴 때는 온몸을 완전히 이완한다.

④ 아침저녁으로 연공하며, 수련 중에 나타나는 반응을 개의치 말고, 생각이 가는 곳에 기운이 가도록 전념하면 이상반응은 없어진다.

⑤ 의자에 앉거나 서서 수련할 시는, 숨을 마실 때 뒷꿈치를 들어 엄지발가락만으로 바닥을 지탱할 수도 있고, 방광경락이 부실한 수련자는 발가락을 위쪽으로 치켜 들 수도 있다.

 ## 제3절 하단전 양기(陽氣) 돌리기

① 효과; 몸을 튼튼하게 하고 정력을 강화시킨다. 혈액을 고르게 하여 월경을 조절한다.

② 자세; 바른 자세로 눕거나, 앉거나, 서서 양손 끝을 겹쳐 회음부에 대거나, 양손바닥을 겹쳐 단전(丹田)에 붙인다.

③ 방법; 고요히 마음을 가라앉히고 명문(命門)을 의수(意收, 1분 이상)한 후, 숨을 마시며 → 양쪽 신장 → 단전(丹田) → 고환(여성은 난소) → 옥경귀두(여성은 질구, 숨멈춤)의 순으로 운기(運氣)하고, 숨을 뱉으며 역으로 명문(命門)에 이르러 의수(意收, 1분 이상)한다.

④ 숨을 마실 때 긴장하고 숨을 뱉을 때 이완하며 몸이 더워질 때까지 반복한다.

제4절 숨기운 돌리기(호흡 도인술)

1. **효과**; 조루증이나 방사과다에 의한 허화(虛火)의 상승(上昇)
   을 치료.

2. **방법**;

❶ 귀두(의수) → 단전(의수) → 오른손엄지로 오른쪽 콧구멍 막
   고 왼쪽 콧구멍으로 숨 최대로 마신다.(항문 조이기) → 오른
   손 검지로 왼쪽 콧구멍을 막고 오른쪽 콧구멍으로 최대한 내
   쉰다.(항문 이완, 3회 호흡)

❷ 오른손 검지로 왼쪽 콧구멍 막고 오른쪽 콧구멍으로 숨을 최
   대한 마신다.(항문 조이기) → 오른손 엄지로 오른쪽 콧구멍을
   막고 왼쪽 콧구멍으로 최대한 내쉰다.(항문 이완, 3회 호흡)

❸ 양쪽 코로 최대한 마시고 조규(組竅) 의수 → 의념으로 입안
   의 침을 氣(숨)로 삼켜 단전에 보낸다. 3회.

3. **주의**;

❶ 매번 마시고 내보내는 숨을 최대한 가늘고 고르며 길게 참을
   수 있을 때 까지 깊이 행한다.

❷ 왼손바닥을 배꼽에 붙인다.(여성은 반대)

❸ 방법③에서는 두 손바닥을 겹친다.

❹ 여성은 구두대신 질구를 의수(意收)한다.

제5절 몸기운 돌리기(운기주천법, 雲氣周天法)

1. 위의 도인법을 숙련시킨 후에 행한다.
2. **자세;** 양손을 배꼽에 겹치거나 가슴 앞에 합장한다.
3. **방법;**

   ❶ 숨을 마시며, (의념)귀두 → 회음 → 미려(꼬리뼈) → 왼쪽 옆구리(帶脈, 章門, 大包穴) → 왼쪽 얼굴 → 왼쪽 콧구멍(吸氣) → 왼쪽 눈 → 왼쪽 눈썹 → 신문(囟門) → 상단전(머뭄. 止息숨그침)

   ❷ 숨을 뱉으며, 상단전 → 오른쪽 눈 → 오른쪽 얼굴 → 오른쪽 콧구멍(呼氣) → 오른쪽 옆구리(대맥, 장문, 대포혈) → 미려(尾閭, 꼬리뼈) → 회음.

   ❸ 위의 방법①②를 3회 행한 후에, 반대방향으로 3회 행한다.

   ❹ 귀두 → 회음 → 미려(꼬리뼈) → 명문 → 협척 → 후두부 독맥따라 상행 → 신문 → 상단전(止息, 숨 그치고 머뭄) → 중단전 → 회음. 3회 반복.

   ❺ 상단전에 정(精)과 기(氣)를 올려 상당시간(36호흡이상) 머뭄 → 중단전 → 하단전 → 수공(收功).

4. 매 호흡은 길고 느리며 약하고 고르며 깊게 행하여야 한다. (숙련될수록 길어진다) 끌어 올릴 때는 항문을 조이며, 길게 숨을 마시고 상단전에서 지식(숨그침). 내릴 때는 숨을 길게 뱉으며 괄약근 이완.

제 V 장

요통치료술(골반Y공) 및
목·어깨·팔저림 치료술
(대나무 이용법)

건강증진과 성력강화를 위해서는 전신의 골격이 바로 서야 중추신경의 순환이 왕성하여 목적한 바를 이룰 수 있으리라.

아무리 훌륭한 건물도 골조와 대들보가 틀어져 있으면, 얼마 지나지 않아 벽에 금이 가고 몰골이 일그러져, 아무리 겉으로 미장과 도배를 잘하여도 곧 쓸모가 없어질 것이다.

우리 몸도 마찬가지로 척추가 틀어져 있으면 아무리 좋은 옷을 입고 피부 화장을 잘하여도 진정한 아름다움을 기대하기는 힘들 것이다. 뿐만 아니라 온갖 질병에 시달리게 될 것이다.

이러한 대들보에 해당하는 척추를 바로 잡으려면 그 근본의 기초석에 해당하는 골반과 견갑골을 똑바로 정렬해 놓지 않으면 아니 될 것이다.

우리 몸의 상체에서 가장 큰 뼈는 날개뼈(견갑골)이고, 하체에서 가장 큰 뼈는 골반뼈 일 것이다.

상체의 근육과 뼈의 질환 즉, 뒷목이 아프거나 목 디스크가 있는 경우, 어깨가 결리거나 오십견이라 불리는 어깨통증, 팔꿈치와 손목과 손가락 관절, 팔 전체가 저린 증상, 등가슴의 결림증, 특히 등(背)이 구부정하게 굽어 만성으로 장기화된 경우는 대다수가 견갑골이 변형된 경우를 필자는 임상경험을 통하여 확인할 수 있었다.

또한 하체의 각종 근골격계 질환 즉, 허리의 통증과 허리 디스크질환, 골반통, 엉치의 고관절 통증, 다리의 절임증상, 무릎통증, 발목과 발의 이상, 나아가서는 골반강내의 비뇨생식기와 대소변의 배설기능 까지도, 만성으로 장기화된 경우는 대부분의 경우 골반이 변형되었다는 것을 발견하였다.

한편 이렇게 커다란 뼈에 의해 펼쳐지는 팔다리를 살펴보면, 나이가 들고 뼈와 근육이 굳어질수록, 팔의 경우 옆으로는 누구나 쉽게 들 수 있으나, 위로 곧게 귀에 닿도록 펼치기가 쉽지 않다.

다리는 아래로 땅을 향하여 누구나 쉽게 뻗을 수는 있으나, 팔처럼 지면과 평행이 되도록 옆으로 벌리기는 힘들어 진다.

이에, 몸통과 팔다리의 고질적인 변형에 의한 만성 질환을 개선하기 위하여, 필자가 연구하여 많은 노약자의 임상을 거친, 견갑골과 골반뼈를 바로 잡는 손쉬운 운동법을 다음과 같이 소개한다.

준비물 바닥에 깔 타월이나 요(褥) 또는 카펫 중 하나.
직경 5∼10㎝ 굵기의 대나무(또는 홍두깨를 수건으로 말거나, 주
방에서 사용하는 호일, 랩 중 한 가지) ●사진6-1 참조

동작요령

① 준비된 원통 봉(棒)을 양쪽 견갑골 부위 밑에 몸과 수평이
되도록 받치고, 양팔을 머리위로 뻗고 몸을 길게 펴고 눕는다. 5
분간 시행. ●사진6-2, 3 참조

② 5분 후 팔을 천천히 내려 잠시 안정을 취한 후, 양 무릎을 세우고 몸을 움직여 원통 봉(棒)으로 목을 받치고 다리를 뻗고 안정을 취한다. ●사진6-4 참조

원통 봉(棒)을 받치는 곳은 양쪽 견갑골 하단 연결선에서 위쪽으로 대추뼈 사이에서 정할 수 있으나, 평소에 통증이 가장 심한 부위에 받치는 것이 효과적이다.

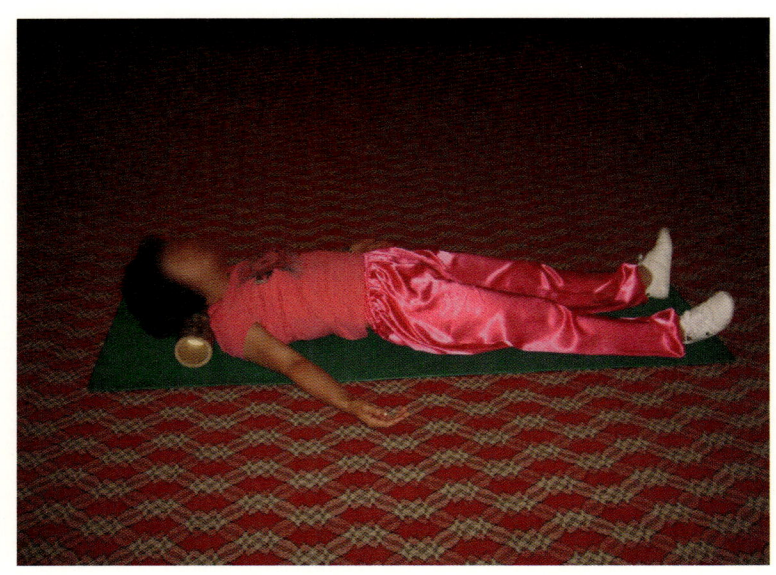

1) 5분간 견인 동작 중에는 팔을 내리지 않아야 효과적이다.

2) 원통 봉(棒)을 허리 부위에 받치면 허리병이 생길 수 있다.

3) 5분간 시행 후, 자세를 바꿀 때, 급하게 동작하여 등(背)이나 옆구리에 담(痰)이 결리면 한동안 고생하니 천천히 안정을 취하면서 자세를 변형시켜야 한다.

4) 견인 동작시 당기거나 아픈 부위를 조용히 의념(意念)한다.

* 견인 동작시 뻗친 양손바닥을 가족이나 도우미가 지긋이 골고루 밟아주면 말초순환 장애에 매우 효과적이다.

준비사항 양 다리가 충분히 벌어질 수 있는 부드러운 바지를
입어야 한다.

동작요령

① 반듯한 벽면에 옆구리를 대고 양 다리를 뻗고 앉는다.

●사진6-5 참조

② 상체를 벽면과 수직이 되도록 눕는다. 이 때 꼬리뼈를 벽면에 밀착시켜야 한다. ●사진6-6 참조

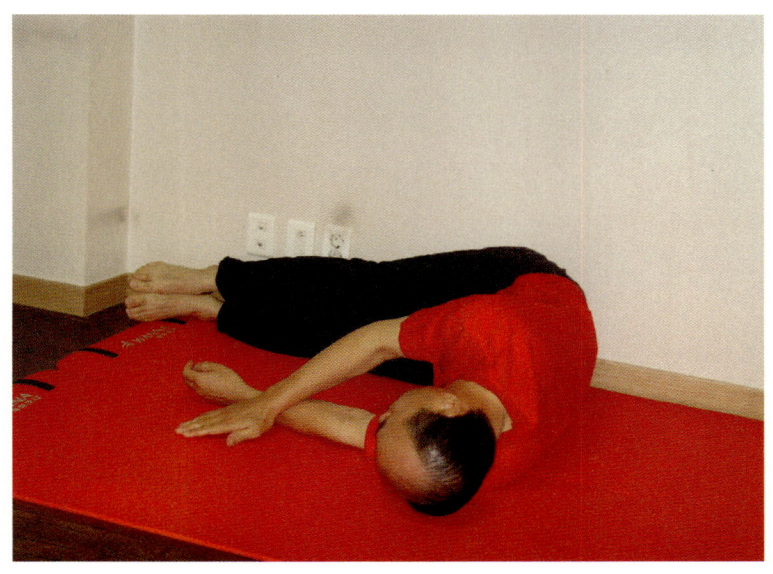

③ 양 다리를 들어 벽면에 세운다. ●사진6-7 참조

④ 양 다리를 곧게 뻗어 다리 뒤쪽면(무릎뒤 오금쟁이)이 벽면
에 밀착되도록 뒤꿈치를 밀며 양 다리를 최대로 벌린다.

● 사진6-8 참조

5 양팔을 머리위로 뻗어 귀에 닿도록 하여 손등이 바닥에 닿도록 펼친다. 5분간 시행한다. ●사진6-9 참조

⑥ 5분 후 팔을 천천히 내리고 잠시 안정을 취한다.

●사진6-10 참조

7 양손바닥으로 허벅지 안쪽을 무릎에서 사타구니쪽으로 비벼, 굳은 근육을 풀어준다. ●사진6-11 참조

⑧ 벽면으로 양다리를 세워 모은다. ●사진6-12 참조

⑨ 양 다리를 한쪽으로 내린 다음 무릎을 굽히고 잠시 안정을 취한다. ●사진6-13 참조

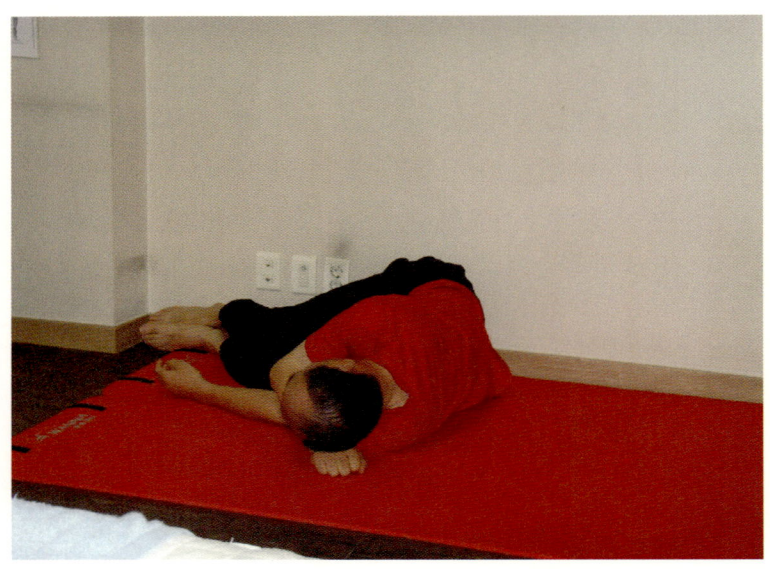

⑩ 천천히 일어나 앉는다. ●사진6-14 참조

주의사항

1) 양다리를 벌렸을 때 양쪽 뒷꿈치의 높이가 같아야 한다.

2) 자세 변형시의 동작이 급하면 등가슴이나 옆구리에 담(痰)이 결릴 수 있으니 천천히 변형시켜야 한다.

3) 턱을 바짝 당겨야 한다.

4) 5분간 견인 동작시 팔을 내리면 효과가 감소된다.

5) 견인 동작시 당기거나 아픈 부위를 조용히 의념(意念)한다.

6) 노약자는 너무 찬 바닥을 피해야 한다.

견인 동작시 뻗친 양손바닥을 가족이나 도우미가 지긋이 골고루 밟아주면 말초순환 장애에 매우 효과적이다.

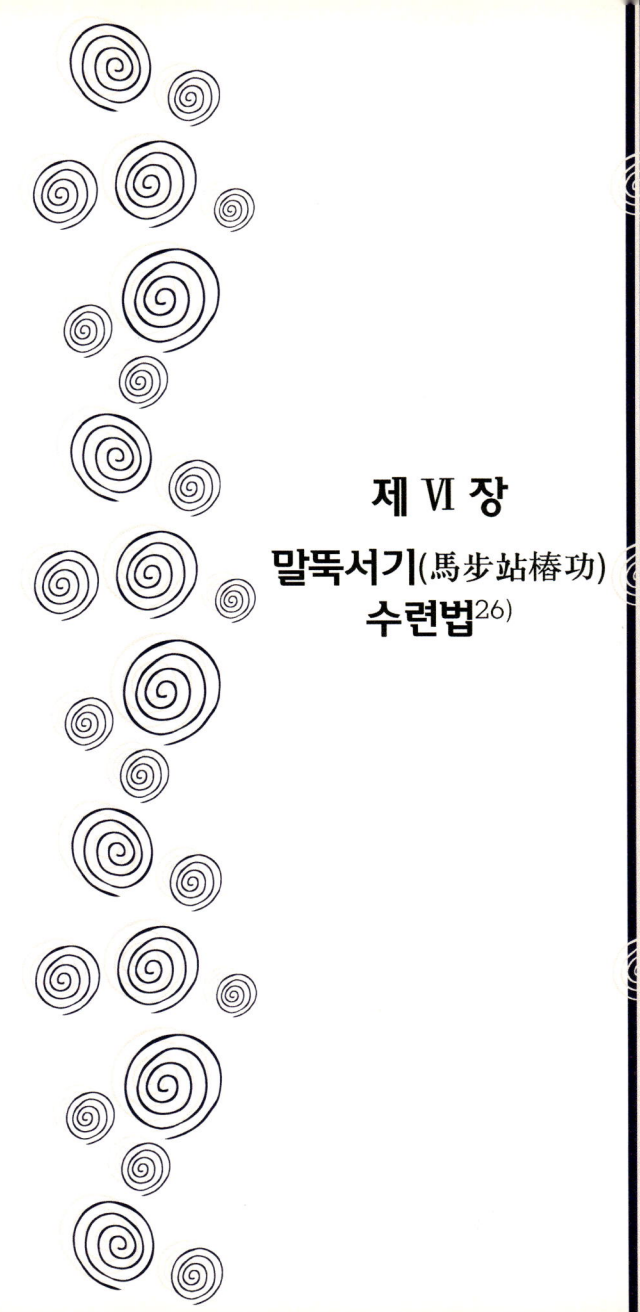

제 Ⅵ 장
말뚝서기(馬步站樁功)
수련법[26]

젊어서는 다리가 튼튼하여 성기능에도 별 영향을 미치지 않다가, 기력이 약해지고 나이가 들수록 상체의 하중을 하체가 견디지 못하여 휘청이게 된다. 종내에는 허리통증과 골반통, 엉지통, 무릎 관절염, 다리저림증, 하체 부종 등으로 고생하기에 이른다. 이러한 상황에 이르면 하체의 기능을 관장하는 신장의 기능 또한 차츰 부실해지며, 이로 인한 성력쇠퇴(外腎작용)로 조루와 발기부전, 전립선비대증 등의 악화를 초래하게 된다.

이를 개선하는 고대 동양의 양성 수련법으로 말뚝서기 자세를 소개한다. 그러나 이는 수련이라는 용어가 암시하듯, 누구나 쉽게 할 수는 없는 운동이나, 그렇다고 특별한 사람들이나 할 수 있는 운동도 아니다. 처음에는 짧게 조금씩 익혀나가다 보면 어느 때인가 자신도 모르는 사이에, 튼튼해진 다리와 아침에 불끈 일어서는 자신을 발견하게 되리라.

말뚝서기 운동은 인체로 하여금 아래에서부터 위로 훈련하는 특징을 가지도록 하고 있다.

말뚝서기 운동은 상허하실(上虛下實)에 대한 훈련이다. 노자(老子)의 ≪도덕경道德經≫에 "허기흉, 실기복(虛其胸, 實其腹)"이라고 말한 바가 있는데 이는 가슴위로는 유연해야 하고 복부 아래로는 단단해야 한다는 것이다.

말뚝서기 수련은 열 발가락으로 땅을 잡듯이 밀착될 것을 요

---

25) 인문종(2006), 양생기공처방, 이화문화출판사, p58~70 참조인용.

구한다. 이렇게 하면 하지근육이 일정하게 긴장하고 수축하게 되며, 심장이 이완할 때 먼 곳에서 가까운 곳을 향하여 하반신의 혈액이 빠르게 윗몸과 머리로 펌프 작용하듯 이동되게 하여 준다. 혈액이 상반신에 집중하게 되면 대동맥의 이완력을 크게 증강시켜, 심장이 수축할 때 더 큰 압력을 갖게 하여 심장, 두뇌, 신장 등 중요한 기관에 대한 혈액량(血液量)을 증가시켜 준다. 이는 모세혈관의 순환을 도와 혈액이 부족한 조직에 대하여 충분한 혈액을 공급시켜 준다. 이로써 심장이 이완할 때 대동맥의 수축압(收縮壓)을 내리게 하고 좌심실(左心室)의 부담 또한 경감시키는 것이다.

말뚝서기는 정상적인 심장박동주기를 이용한 수련으로써 심장, 대뇌, 신장등 중요한 장기 기관에 혈액순환을 촉진하여 관심병(觀心病), 심교통(心絞痛), 심근경색(心肌梗塞), 뇌동맥경화(腦動脈硬化), 뇌혈전형성(腦血栓形成), 뇌동맥혈전(腦動脈血栓), 뇌혈전후유증(腦血栓後遺症) 등 질병에 대한 치료를 주목적으로 한다.

말뚝서기를 마치고 하지의 근육이 긴장상태에서 벗어나 이완에 들어서게 되면 전신의 혈액이 다시 하지로 돌아와서 하지에 대하여 영양을 공급하고 하지의 강건함을 지키게 된다.

말뚝서기는 하체의 근육을 강화시키는 가장 오래되고 효율성이 공인된 수련법으로서, 성력을 강화시키기 위한 도인술에서는 없어서는 아니 될 중요한 훈련이다.

1. 말뚝서기는 '인체전기발전공' 이다.[26]

말뚝서기는 가장 효과적인 인체전기발전공으로써, 도교의 내단(內丹) 수련법, 요가의 쿤달리니샥티 각성법, 태극권의 내공 단련법, 기타 기공법등 다양한 정신적, 육체적 수련법의 근본원리에 대한 탐구를 바탕으로 발견된 방법이다.

인체의 전기발전 메커니즘은 뼈의 압전, 혈액과 림프 등 체액의 유동전위 현상에 의한, 발전기로서의 인체를 보는 관점이다.

다시 말해 우리 몸의 커다란 뼈로 둘러싸인 부분은 크게 세 구역으로 나누어 볼 수 있다. 골반뼈로 둘러싸인 하단전, 흉곽과 흉골 흉추로 둘러싸인 중단전, 두개골로 둘러싸인 상단전이다. 이들 삼단전이 전기의 콘덴서 역할을 하여, 일정한 자세의 조건을 갖추고 있으면, 누구나 쉽게 이 세 곳에 전기가 모이는 축전(콘덴서)현상을 경험할 수 있으며, 나아가서 이 세 곳에 모인 전기를 서로 소통시키거나 운용하여, 신체 이상부위의 치료와 건강증진 등으로 활용할 수 있다는 것이다.

---

26) 유승우(2006), 인체전기발전공 입문(도교내단수련, 요가, 기공의 비밀 대공개), 저작권등록번호:C-2006-005048, bimulnamu@naver.com.

2. 말뚝서기 수련법

1) 준비자세: 먼저 몸의 긴장을 풀고, 두발을 어깨넓이만큼 벌리고 두 발끝을 안으로 약 10도쯤 되게 각도를 취하여 안으로 팔(八)자가 되도록 자세를 취한다. 다음으로는 두 팔을 자연스럽게 아래로 드리우고 손바닥은 안으로 향하게 하여 몸을 바로 세우고 두 눈은 앞을 바라본다.

2) 시작자세: 두 손바닥을 마주하고 두 팔을 뒤로 향하다가 다시 앞으로 와서 천천히 어깨높이로 올리고 손바닥을 위로 향하게 한 다음, 팔을 구부려서 손을 허리부근에 붙여서 다시 앞으로 원을 그리는 듯이 하다가 손바닥을 아래로 향하고 두 손은 앞에 가져오는 동시 두 다리를 구부려서 마보(내경=內勁)참장 자세를 취한다.

3) 말뚝서기은 22가지가 있는데 그 중에서도 ⓑ, ⓓ, ⓔ, ⓗ, ⓜ, ⓡ, ⓢ, ⓣ번째가 가장 중요한 것이다.

    ⓐ. 두발을 어깨사이와 같은 넓이로 벌린다.

    ⓑ. 두발 끝은 안쪽으로 각도를 10도쯤 모은다.

    ⓒ. 열 발가락으로 땅을 잡는데 발가락 전체가 땅에 닿도록 한다.

    ⓓ. 무릎을 구부리되 무릎 끝이 발가락 끝보다 더 앞에 있어서는 안 된다.

    ⓔ. 배를 거두어들이고 항문에 힘을 주어 당긴다.

ⓕ. 무릎안쪽을 둥글게. 허리와 엉치의 긴장을 푼다.

ⓖ. 가슴을 모으고 등을 내민다.

ⓗ. 머리가 허공에 매달리듯.

ⓘ. 혀끝은 구부려 위쪽 앞이빨 안쪽에.

ⓙ. 두 눈은 수평으로 앞을 본다.

ⓚ. 코끝과 배꼽은 수직선에 놓이게 한다.

ⓛ. 백회(百會)와 회음(會陰)을 수직선에 놓이게 한다.

ⓜ. 겨드랑이를 들어 비운다.

ⓝ. 어깨와 팔꿈치를 가라앉힌다.

ⓞ. 아래팔뚝과 땅은 평행을 이룬다.

ⓟ. 양하박부는 서로 평행을 이룬다.

ⓠ. 중지(中指)와 하박부가 일직선 이어야한다.

ⓡ. 손바닥은 기와형태로 해야 한다.

ⓢ. 손가락은 사다리를 이루고, 엄지와 검지손가락 사이가 오
리 주둥이형을 취해야한다.

ⓣ. 상허하실(上虛下實), 얼굴에 미소를 짓고, 호흡은 자연스러
워야한다.

ⓤ. 말뚝서기 수련을 할 때는 3가지 주의점이 있다.

첫째: 입정(入靜)하지 말라.

둘째: 의수(意守)하지 말라.

셋째: 다른 공법의 개념을 섞지 말라.

절대 강조할 점은 정확한 자세를 취해야 한다.

ⓥ. 3가지 안정된 자세를 취한다.(안정된 시작, 안정된 서기, 안정된 마무리자세). ●사진7-1, 7-2 참조

3. 말뚝서기 수련시 주의사항

　　말뚝서기수련은 반드시 30분 이상 해야 한다. (초보자는 처음에는 시간을 짧게 하고 점차적으로 시간을 늘린다) 말뚝서기 자세의 높이는 자신의 체력에 맞게 높낮이를 조절한다. 일정한 범위에서 참장자세를 낮추면 낮출수록 체외반박(體外反搏) 작용이 더욱 강하게 나타나고, 폭발력도 더욱 더 강해진다.

4. 말뚝서기의 12가지 효능

1) 몸의 기관과 기능 양쪽을 서로 조절하는 작용을 한다. 고혈압, 저혈압, 심장박동의 과속과 느린 질환에 대하여, 교감신경과 부교감신경으로 하여금 균형을 이루게 한다.

2) 인체에 대한 보상작용을 한다. 찌꺼기를 줄여주고 근육위축을 방지한다. CT검사결과 두피골연화증(顱外腦軟化症)으로 판명된 환자를 관찰한 결과, 수련 전에는 상체근육이 경련성 근육강직 현상이 있고, 인대의 반사현상도 전혀 없었으며, 왼쪽 상체근육이 상대적으로 5cm 위축이 되었지만, 두 달 동안 말뚝서기 수련을 하고 나서 다시 검사해보니 근육위축현상이 사라졌고 상하지 경련증세도 많이 호전되었다.

3) 사람들의 정서를 높여주는 역할을 한다. 500여명의 수련자들을 상대로 조사한 결과 90%나 되는 사람들이 수련을 시작한지 10분이 지나서 땀이 흐르기 시작했고, 말뚝서기를 한지 한 주일이 지나 온몸이 개운하다는 느낌을 받았다고 하였다. 그래서 어떤 수련자가 말하기를 "정서를 높여주니 병이 절반이나 나았다"고 하였다.

4) 간질환 예방작용을 한다. 중국 ≪상해신민만보上海新民晚報≫기사에 의하면 "상하이에서 A형 간염이 유행할 때 만여 명의 수련자들을 검사한 결과 단 한명도 간염에 걸리지 않았다"는 보

도가 있다. 이는 말뚝서기 운동이 혈액순환과 신진대사작용을 활발하게 하기 때문에 간장의 대사(代謝)활동을 도왔기 때문이다.

5) 몸무게를 줄이거나 늘어나게 한다. 비만환자 세 사람을 관찰한 결과, 수련 한 달 동안 3kg을 감량했다. 이는 유산소 운동+근육운동+인성(靭性,부드러움)운동이 비만을 치료하는 관건이기 때문이다. 몸이 마른 환자 5명을 관찰한 결과, 말뚝서기 수련을 두 달하고 나서 체중이 평균 2.5kg씩 불었다. 이는 말뚝서기 수련에서 배에 힘을 주고 항문을 조여주는 운동이 내장에 대한 안마작용을 해주어 식욕을 돋우고, 소화기능을 강화했기 때문이다.

6) 치질을 예방하는 작용을 한다. 말뚝서기 수련을 하면 "제항운동(提肛運動)"즉, 항문을 당겨주는 운동을 하므로 항문주위에 있는 근육을 자극시켜 항문주위에 분포된 혈관속의 혈액순환을 돕고 항문주위 근육의 힘을 길러주기 때문이다.

7) 체외반박(體外反搏)작용을 한다. 즉 하체와 엉덩이 부분의 근육을 수축한 형태는, 혈액을 머리부분으로 신속히 이동시켜 모세혈관속 혈액순환을 촉진시킴으로써 신장 등 중요한 기관들의 기능을 개선하기 때문이다.

8) 인체기능을 개발하는 작용을 한다. 말뚝서기수련을 통하여 자아 통제력을 키워주고 의지력을 배양하므로써 기억력 향상에 도움을 주기 때문이다.

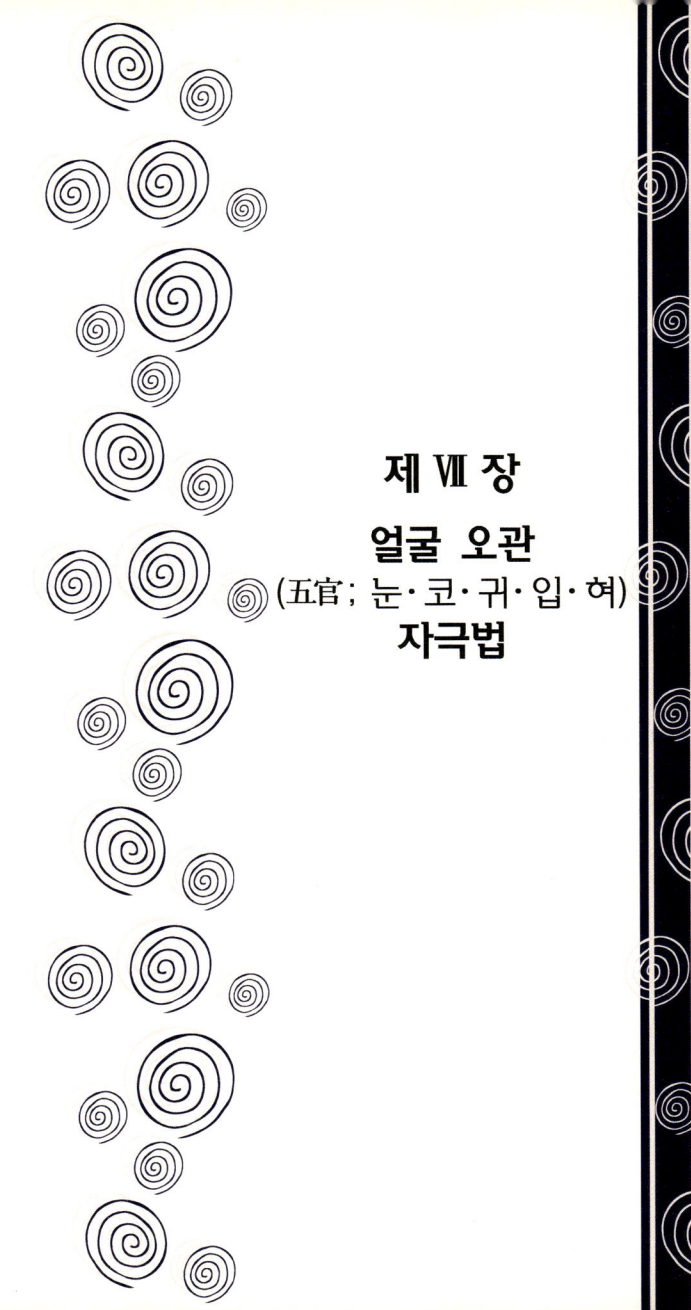

제 Ⅶ 장

얼굴 오관
(五官 ; 눈·코·귀·입·혀)
자극법

우리는 보통 나이 40정도 되면 상대의 얼굴을 보고 그 사람의 건강 정도를 가늠하게 된다. 이는 얼굴에 건강의 근본인 오장(五臟)의 상태가 나타나기 때문이다. 눈은 간장의 상태를 나타내고, 코는 폐를 나타내며, 입은 비위(脾胃)이고, 귀는 신장(腎臟)의 증표이며, 혀는 심장을 나타내기 때문이다.

또한 얼굴색에 푸른 기운이 돌면 간병의 증후이고, 검은 기운이 느껴지면 신장의 이상이요, 창백하면 폐를 의심할 수 있다. 노란색을 띠었으면 비위의 소화기능을 의심하게 되고, 얼굴전체가 지나치게 밝거나 붉으면 심장병을 의심할 수 있다.

그러므로 얼굴의 오관(눈, 코, 입, 귀, 혀)을 자극하여 건강하게 만들면, 그 기운이 오장에까지 영향을 끼친다. 그러므로 평소에 이를 활용하여 오장을 튼튼히 하면 당연히 온몸이 튼튼해지고, 그 열매에 해당하는 성기능 즉, 성력이 강화되며, 나아가 뚜렷한 이목구비를 가꾸게 된다.

① 양손의 검지와 중지를 벌린 가위손에 양쪽 귀를 끼우고 비빈다. 귀가 얼얼하도록 강하게 반복.

●사진8-1 참조

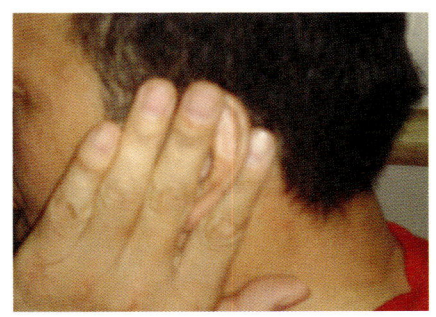

② 2, 3, 4지 끝으로 잇몸을 골고루 마사지. ●사진8-2 참조

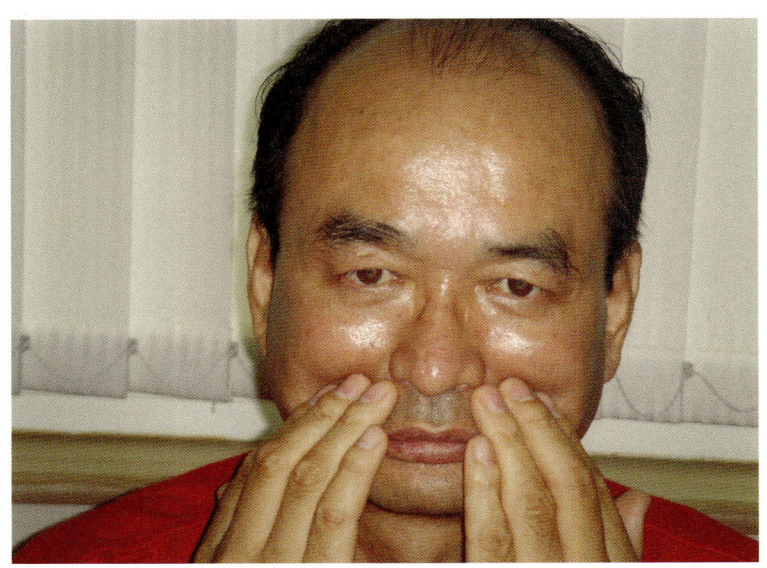

③ 입술을 붙이고 상하 이빨을 18회 이상 부딪친다. 이 때 부딪치는 울림이 두개골과 뇌속, 척추, 골반 및 전신의 **뼈**에 울려 퍼져, **뼈**를 정렬시키고 맑게 만든다는 생각을 가진다. ●사진8-3 참조

④ 입을 최대한 크게 벌려 상악골과 하악골의 간격을 멀리 한다. 네손가락을 세워 입속에 들어가도록 노력하여야 한다.

●사진8-4 참조

상하악골의 벌림은 음식물을 씹는 작용뿐만이 아니라, 두개골의 접합, 뇌의 형태, 척추의 정렬, 골반의 변위 등과 밀접한 관계를 가지므로, 평소에 자주 입을 크게 벌리는 연습을 하여야 한다.

⑤ 입을 최대로 벌린 상태에서, 혀를 최대한 밖으로 뺀다.
●사진8-5 참조

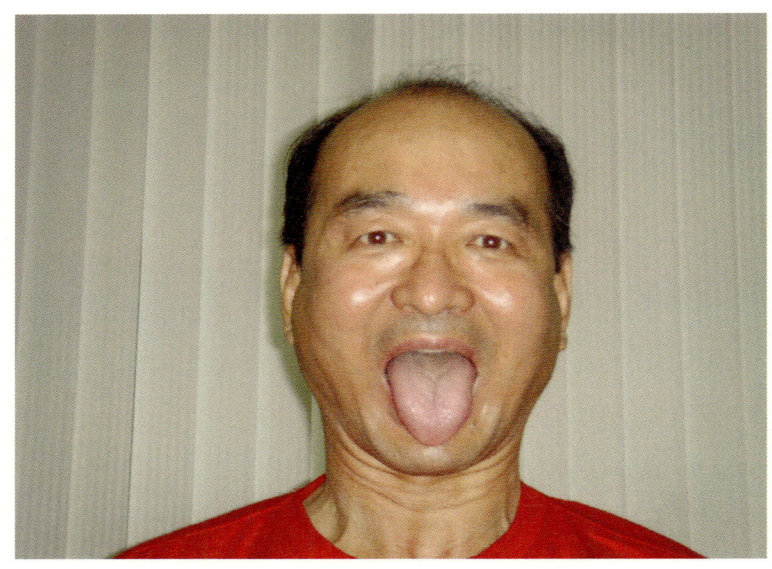

　혀뿌리는 뇌 중간에 위치한 언어중추와 연결되어 있다. 그러므로 혀뿌리가 자극되면 언어중추를 자극하게 되고, 언어중추가 자극되면 뇌 전체를 자극하게 된다. 이는 일상생활 중에 단어구사가 잘되고 말이 하고 싶을 때와, 몸이 몹시 피곤하여 말하기도 귀찮고, 말이 논리적이지 않고 뒤 엉킬 때를 비교하면 알 수 있다.

⑥ 양손의 엄지손가락 끝으로 턱밑을 골고루 찌르며 비벼준다.
● 사진8-6 참조

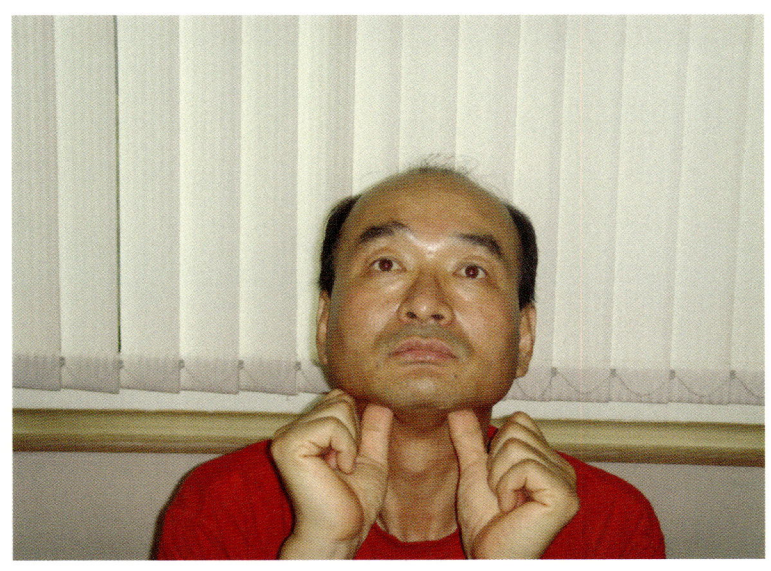

⑦ 앞 이빨로 혀를 끝에서부터 안쪽으로 1㎜씩 잘게 꼭꼭 씹어 들어갔다 나오기를 3회 반복 후 혀 전체를 치아 전체로 골고루 맛있게 씹어주고 침을 3회로 나누어 천천히 삼킨다. ●사진8-7 참조

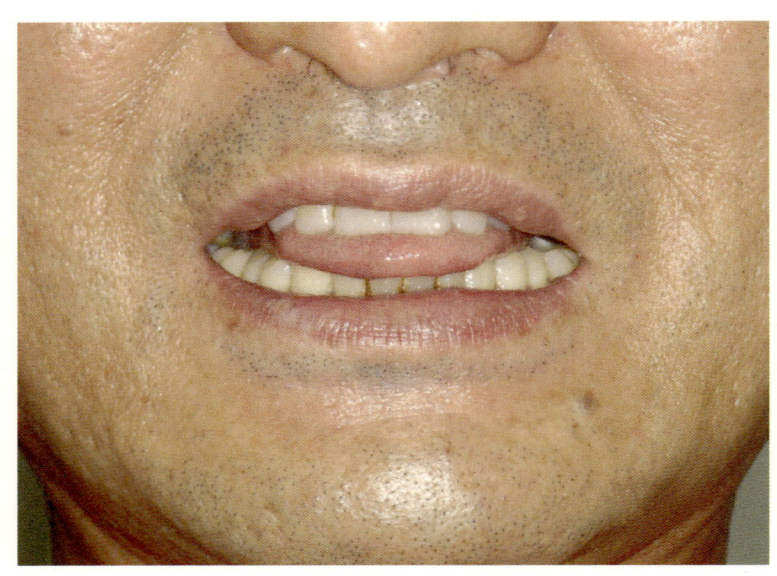

⑧ 혀로 잇몸을 상하안밖으로 골고루 마사지. ●사진8-8 참조

⑨ 양손 검지손끝으로 비중격(코옆 눈아래)을 지그시 누르고 비비며 숨 들이키기 3회 후, ●사진8-9 참조 코 옆 고랑을 상하로 비벼준 다음, ●사진8-10 참조 양쪽 새끼손가락 끝을 콧망울 옆의 영향혈에 넣고 비비며 숨을 3차례 들이킨다. ●사진8-11 참조

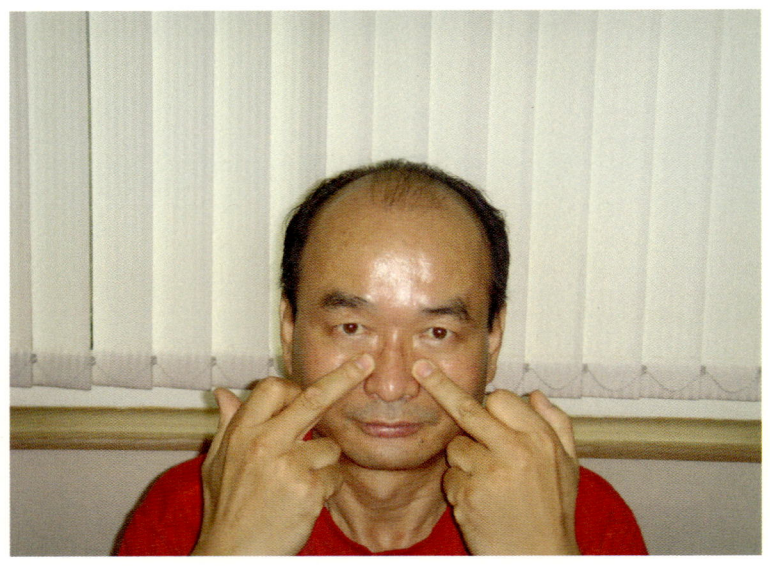

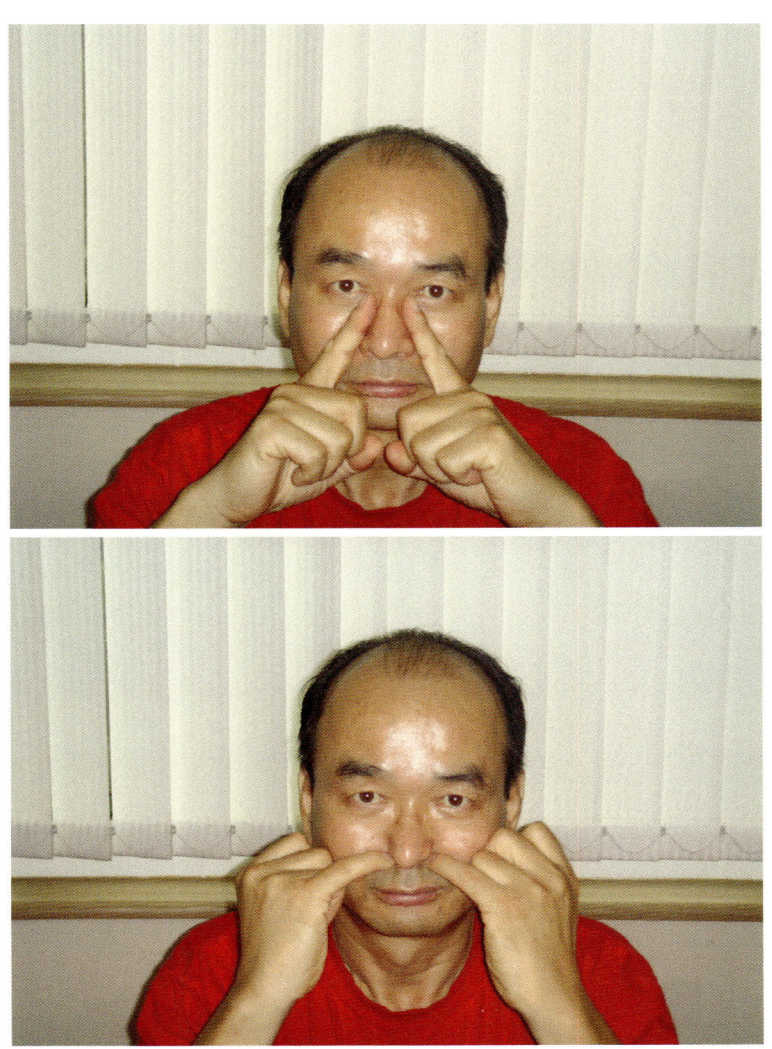

⑩ 중지로 눈물샘을 지그시 누르고 눈 주위를 더듬으며 비벼 준
다. ●사진8-13 참조

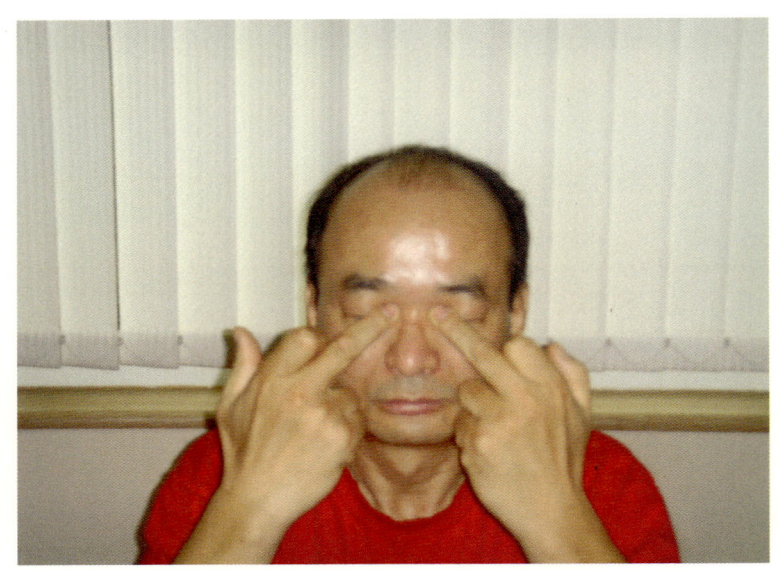

⑪ 양손 엄지 지문부위로 관자노리(태양穴)를 지그시 누르고 비벼준다. ●사진8-14 참조

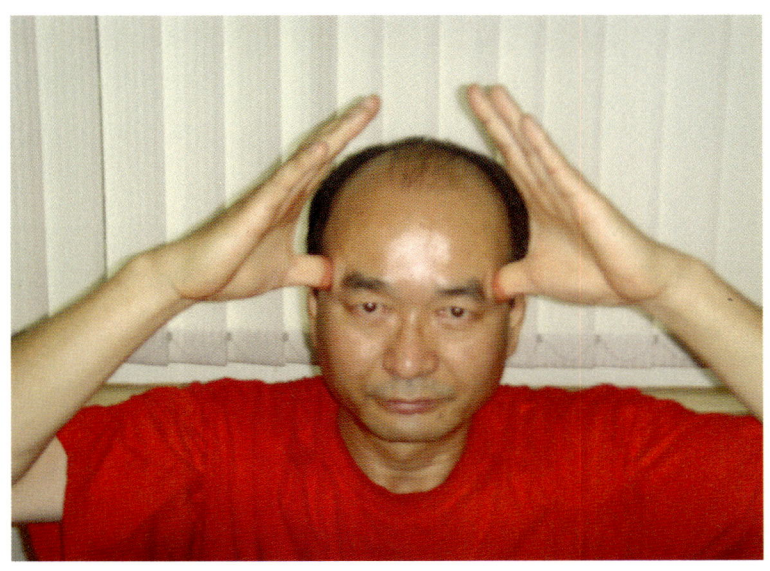

⑫ 위의 관자노리를 누른 자세에서, 양손 검지로 눈썹부위를 안에서 밖으로 약간 세게 누르며 벌려준다. 3회. ●사진8-15 참조

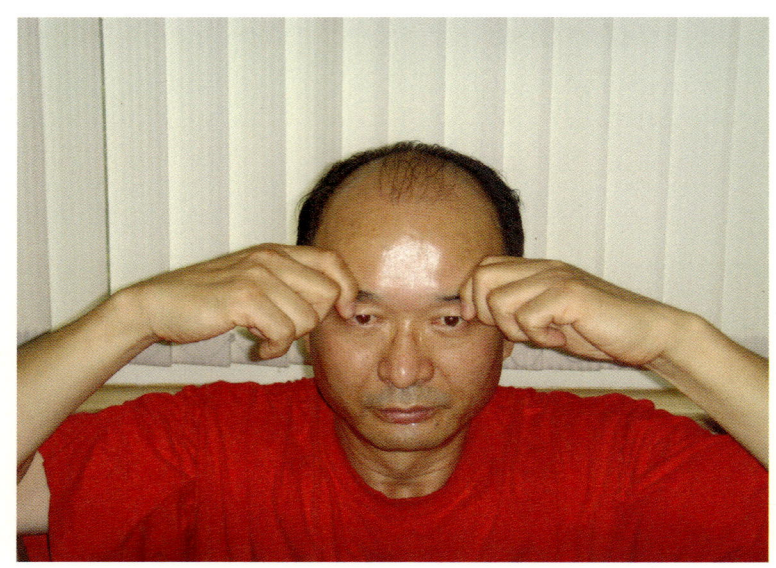

⓭ 손바닥 중앙부위(노궁혈)를 눈에 대고 눈동자를 상하좌우로 굴려준 후 지그시 누르며 파란 호수를 연상한다. ●사진8-16 참조

⑭ 손바닥 전체로 얼굴 전체를 감싸고 상하로 엇갈리며 강하게 비벼준다. ●사진8-17 참조

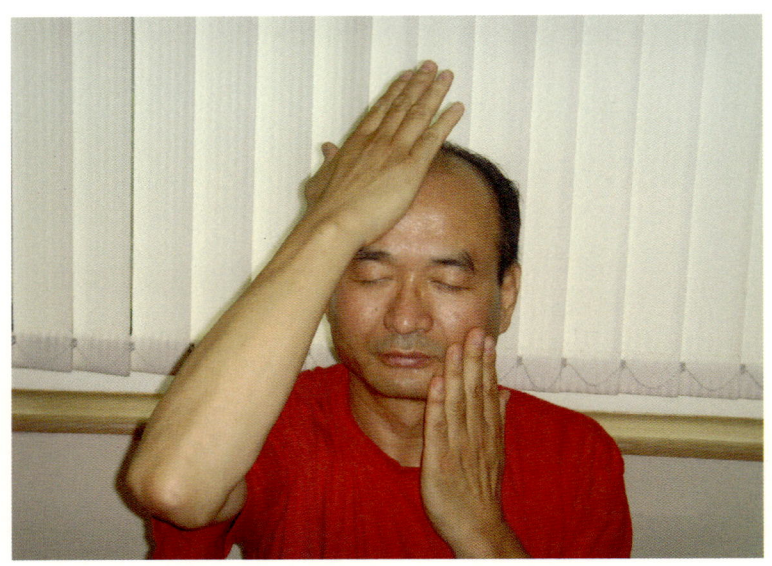

⑮ 양손바닥을 턱밑에 꽃받침같이 펼치고 얼굴을 환하게 밝혀준다. 얼굴전체에 행복이 가득한 미소를 머금으며. ●사진8-18 참조

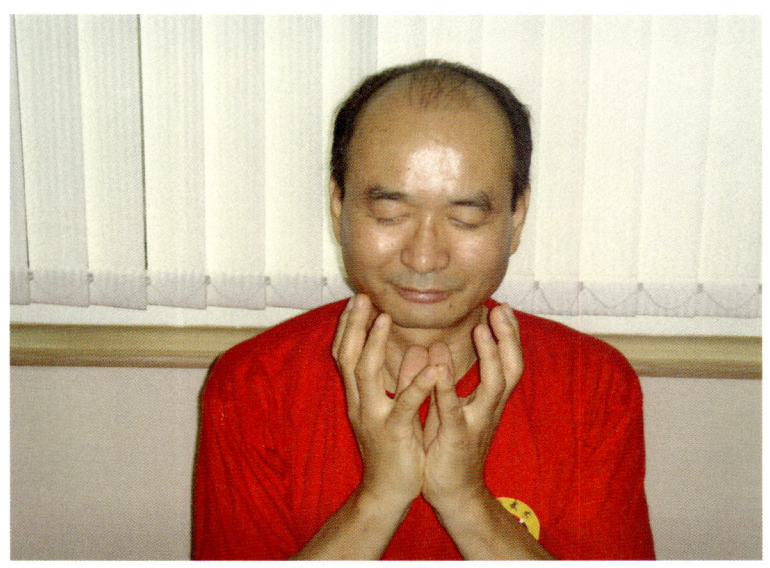

귀 귀는 자궁안의 태아가 거꾸로 매어달린 형상으로써, 전신의 기능을 내재하고 있다하여, 귀에 침을 놓아 비만증을 치료하거나 금연문제를 해결하고 있다. 그러므로 귀를 뜨겁게 비벼주면 온몸을 마사지하는 효과가 나타난다. 실제로 중풍으로 한쪽이 불편한 환자의 불편한쪽 귀는 상당히 굳어 있다.

잇몸 겉으로 자극하는 잇몸의 효과는 의외로 치골과 잇몸질환에 탁월한 효과를 나타내며, 소아들의 치아 교환시기에 이를 활용하면 매우 유익하다.

턱밑 림프절 턱밑에는 얼굴 오관의 림프절이 있어 오관에 이상이 있으면 이 부분에 소위 멍울이라는 것이 맺혀 열나고 아픈 현상이 나타난다. 평소에 턱밑을 자주 자극하여 림프절을 관리하면 오관에 림프액을 적절히 순환시켜 건강하게 만들어 줄 것이다.

혀 혀(舌)는 전신의 상태를 나타내기에 한방에서 진단의 기준으로 여기는 사실을 우리는 이미 알고 있다.

침(타액) 건강한 사람이 하루 동안 분비하는 침의 량은 큰 페트병(1.5리터) 하나이다. 침은 입안을 촉촉하고 부드럽게 해주며 잇몸과 치아를 보호하고 발성을 도와주며, 공기 중의 세균이 몸안으로 침투되는 것을 막아 소독해준다. 그러므로 잇몸마사지, 턱밑 자극, 혀 깨물기 등은 현대인들이 열(火)받아 부족해진 침의 분비량을 늘려, 구강과 치아질환은 물론 식도와 기도를 건강하게 만들어 준다.

눈 눈은 정신의 맑고 흐림을 극명하게 보여주는 바, 평소에 깨끗한 손으로 눈을 지그시 눌러 주고, 눈가의 **뼈**를 자극하면 눈의 피로를 개선시킬 수 있다. 특히 파란색은 눈을 보호하는 효과가 있으므로, 평소에 파란색(파란하늘, 파란바다, 숲)을 상상으로라도 가까이 하고 신맛을 찾아 먹는 것이 눈을 보호하는 방편이다.

행복이란 신체의 건강이 뒷받침 되어야함은 당연한 소치이며, 전신 건강의 근본은 오장(五臟)의 건강으로부터 시작되고 끝나므로, 오장의 건강을 위하여 얼굴 오관자극을 게을리 하지 말아야 하겠다.

제 Ⅷ 장
성 살리기 방중술의
음식과 정력제처방

정력제에 관한 정보는 수없이 많으나, 어떠한 것이 나에게 적합한지는 판단이 아리송하다. 이는 사람마다 체질이 다르기에, 남이 좋다는 것이 나에게는 맞지 않을 수 있기 때문이다. 그러나 서양식의 일부 발기부전 치료제와는 다르게, 동양의학의 고대 처방은 전신의 기능을 개선시켜 목적하는 바를 이루고저, 오랜 세월 수없이 많은 사람의 임상을 통하여 검증된 것이 후세에 전해진다는 사실을 상기할 필요가 있다.

동양의 선인현철들은 특별히 약과 음식을 극단적으로 구분하지 않고, 평상시 먹는 음식에 약의 성질을 부여하여 질병을 치료하고 건강을 유지시키는 지혜를 발휘하였다.

단, 평소에 육류의 섭취가 잦아 단백질이 체내에 과잉된 자는 신중을 기해야 한다. 본서에 제시된 대부분의 내용은 고대 농경시대의 식생활에 의해서 전래된 건강식이다. 섭취하는 열량에 비교하여 몸의 활동량이 부족하고, 평소에 운동도 게을리 하는 자는 신중을 기해야 한다. 그러나 섭취음식량에 비하여 흡수력이 저하된 노약자나 질병자는 예외가 될 수 있다.

1. 태음인

녹용(녹각교, 녹각상), 사상자(蛇床子, 뱀도랏씨), 선모(仙茅), 속단(續斷, 검산풀뿌리), 음양곽(삼지구엽초), 합개(蛤蚧, 兼소음약)

2. 소음인

골쇄보(骨碎補), 개고기, 부추(부추씨), 금모구척(金毛狗脊), 동충하초(冬虫下草), 두충(杜冲), 미꾸라지, 뱀장어(두렁허리), 사원자(沙苑子), 사상자(蛇床子), 쇄양(육종용뿌리), 송지(松脂, 송진), 양기석(陽起石), 양고기, 익지인(益知仁), 자하거(紫河車, 태반), 자초화(紫梢花), 참새고기(알), 정공등(丁公藤, 마가목), 파고지(破古紙, 보골지), 파극천(巴戟天), 물개좆, 해마(海馬), 호도(胡桃), 호로파(葫蘆芭, 호파), 홍어(鯕魚, 가오리), 황구신(黃狗腎).

3. 소양인

홍합, 육종용, 잠자리, 토사자(兎絲子), 새우, 해삼, 석화굴.

4. 태양인

모과, 대합, 오가피, 바지락.

 ## 제2절 천연보양약제[27]

1. 두충(杜冲)	2. 녹용(鹿茸)
3. 파극천(巴戟天, 부조초뿌리)	4. 보골지(補骨脂, 破古紙)
5. 토사자(菟絲子, 새삼씨)	6. 선모(仙茅)
7. 음양곽(淫羊藿, 삼지구엽초)	8. 속단(續斷, 검산풀뿌리)
9. 육종용(肉縱蓉)	10. 인삼(人蔘)
11. 쇄양(鎖陽, 육종용뿌리)	12. 오가피(五加皮)

27) 高兆旺(2007), 40歲登上性商快車, 中國靑島出版社. p.150~160 참조.

1. 두충(杜冲)

맛이 달고 성질이 따뜻하며 간과 신경(腎經)으로 들어간다. 간과 신장을 보하고 근골을 강하게 만들며 태반을 안정시키는 효과가 있다.

간과 신장의 허약으로 인한 발기부전, 빈뇨에 산수유, 토사자, 파고지를 곁들여 쓴다.

간신(肝腎)의 허약으로 인한 태기(胎氣) 불안이나 습관성 낙태에 단독으로 쓰거나 속단 산약 등을 곁들여 쓴다.

간의 양기가 위로 솟구쳐 머리와 눈이 어지러울 때 백작약, 석결명, 하고초 등을 곁들여 쓴다.

두충탕은 혈압을 낮추고 혈관을 직접 확장하는 효과가 우수하다.

음허화왕[28]자는 신중하게 써야 한다.

소음인은 더욱 효과가 탁월하다.

2. 녹용(鹿茸)

맛이 달고 짜며 성질은 따뜻하고 간과 신경(腎經)으로 들어간다. 신(腎)의 양기를 보충하고, 정혈(精血)에 유익하며, 근골을 강하게 만든다.

---

28) 음허화왕(陰虛火旺); 음기가 허하여 화기(火氣)가 위로 솟구치는 증상.

신양(腎陽)의 부족이나 정혈(精血)이 허해서 추위를 겁내고 손발이 차가우며, 발기부전에 조루, 빈뇨, 허리무릎 시큰거림, 정신적 피로에 단독으로 가루내어 먹거나, 인삼, 숙지황, 구기자 등을 곁들여 쓴다.

정혈(精血)이 부족하고 근골이 무력하며 아이들의 발육불량과 뼈가 약하여 잘 걷지 못할 때, 숙지황, 산약, 산수유 등을 곁들여 쓴다.

악창이나 옹저29)가 아물지 않을 때, 속을 따뜻하게 만들어 패인 상처를 채워주는 효과가 있다.

녹용은 생장발육을 촉진시키고, 몸의 기능을 흥분시켜 피로를 쫓고, 식욕을 개선시키며, 잠을 잘 자게 하는 효과가 있다. 신진대사를 좋게 하고 자궁의 수축력을 증진시키며, 심장을 강하게 한다.

태음인의 성약(聖藥)이다.

3. 파극천(巴戟天, 부조초뿌리)

맛이 시고 달며 성질은 약간 따뜻하고 신경(腎經)으로 들어간다. 신장을 보하여 양기를 돕고, 근골을 강건하게 만들며, 풍을

---

29) 옹저(癰疽); 살갗속으로 곪는 증상, 처음에는 잘 아프지도 않다가 나중에는 약간의 열이나고, 곪으며, 곪아 터진 다음에는 누공이 생겨 고름이나 진물이 조금씩 흐른다.

쫓고 습기를 제거하는 작용이 있다. 발기부전과 빈뇨, 자궁냉증으로 인한 불임, 월경불순, 아랫배가 차고 아픈 증상에 쓴다.

인삼, 산약, 복분자와 같이 사용하여 발기부전과 불임을 치료한다.

말린생강, 육계, 산수유와 같이 사용하여 월경불순과 아랫배가 차고 아픈 증상을 치료한다.

신(腎)의 양기가 부족하여 허리와 무릎이 시큰거리고 힘이 없을 때, 익지인, 상표초, 토사자 등을 곁들여 쓰는 처방을 금강환(金剛丸)이라 부른다.

실험으로 파극천에는 피질호르몬이 함유되어 있으며, 혈압을 낮추는 효과가 있다고 입증되었다.

음허화왕이나 습열(濕熱)이 있는 자는 피하여야 한다.

특별히 소음체질에는 우수한 효과를 나타낸다.

4. 보골지(補骨脂, 破古紙)

맛이 시고 쓰며 성질은 따뜻하고 신경(腎經)과 비경(脾經)으로 들어간다. 한지로 바른 문종이를 옥경이 뚫는다 하여 세칭 파고지라고도 불린다. 신(腎)을 보하고 양기를 굳게 만들며, 정(精)을 단단히 하고, 소변을 잘 나가게 하며, 비장을 따뜻하게 만들어 설사를 그치게 한다.

발기부전에 토사자, 호도, 침향 등을 곁들여 쓴다.

유정(遺精)에 좋은 죽염과 같이 각각 6 g 씩 쓴다.

비장과 신장이 같이 허하여 새벽에 만성으로 설사할 때, 육두구, 오미자, 오수유 등을 곁들여 쓰는 처방을 사신환(四神丸)이라 부른다.

신장의 기운이 허약하고 냉하여 소변을 지릴 때, 회향과 같이 환을 지어 먹는다.

허리와 무릎이 차고 힘이 없을 때, 두충, 호도 등을 곁들여 쓴다.

동물실험에서 보골지는 관상동맥을 확장시키는 효과가 입증됨으로써, 심장에 흥분작용을 일으켜, 심장기능을 향상시킨다는 것을 알 수 있다.

보골지에 적석지를 섞어 복용한 결과, 자궁출혈, 월경과다, 인공유산출혈, 코피, 소화성궤양출혈에 효과가 좋았다.

음허화왕이나 변비가 심한 자는 피하여야 한다.

소음인에 효과가 더욱 우수하다.

5. 토사자(兔絲子, 새삼씨)

맛이 맵고 달며 간경(肝經)과 신경(腎經)으로 들어간다. 양기를 보하고 음기에 유익하며 정(精)을 굳게 만들어 소변을 잘 나가게 하고, 눈을 밝게 만들며 설사를 그치게 한다. 허리무릎의 시린 통증, 발기부전, 유정(遺精), 빈뇨, 과다한 백대하에 효과가 좋다.

토사자, 구기자, 복분자, 오미자, 차전자 5종류로 지은환을 오자연종환(五子衍宗丸)이라 부르며, 발기부전, 유정(遺精), 설사를 치료한다.

비장이 허하여 나타나는 묽은 변과 설사에 황기, 당삼, 백출등을 곁들여 쓴다.

허리무릎이 차고 아플 때, 두충, 산약과 같은 량으로 환을 지어 먹는다.

소변이 저절로 흐를 때, 녹용, 상표초, 오미자 등을 곁들여 쓴다.

토사자에는 자궁 근육의 수축작용과 비장의 혈관을 수축시키고 비장의 용적을 감소시키는 효과가 있어, 장(腸)의 긴장성 하강과 유동작용에 유효하다.

음허화왕자와 대변이 굳고 변비가 심한 자는 피하여야 한다.

소양인에게 효과가 더욱 좋다.

6. 선모(仙茅)

맛이 시고 열성이며 약간의 독이 있고 신경(腎經)으로 들어간다. 신장을 따뜻하게 만들어 양기를 튼튼히 하고 추위를 쫓으며 습기를 제거한다.

발기부전과 정액이 차가울 때, 음양곽, 파극천, 토사자 등을 곁들여 쓴다.

비장과 신장이 차가워 입이 짧고 찬 변을 볼 때, 백출, 건강, 보골지와 같은 량으로 쓴다.

오랜 질병으로 뼛골이 차고 아프며, 살이 뒤틀리고, 신장이 허하여 무릎허리가 시리고 아플 때, 음양곽, 속단, 금모구척과 같은 량으로 쓰면, 한습(寒濕)을 몰아내어 치료시킨다.

부인들의 갱년기 고혈압에 음양곽 등을 곁들여 쓴다.

실험에서 선모에는 정신을 흥분시키는 효과가 있어, 소화를 촉진하고 식욕을 증진시키며, 성선(性腺)의 기능을 증강시키는 효과가 증명되었다.

음허화왕자는 복용을 피하여야 한다.

태음인에게 특히 효과가 우수하다.

7. 음양곽(淫羊藿, 삼지구엽초)

맛이 시고 달며 성질이 따뜻하고 간과 신경(腎經)으로 들어간다. 신(腎)을 보하여 양기를 건장하게 하고 풍을 쫓으며 습을 제거하는 효과가 있다.

신양(腎陽)이 허약하여 나타나는 발기부전, 빈뇨, 허리무릎의 무기력에 단방으로 쓰거나, 숙지황, 구기자, 선모와 같은 량으로 쓸 수 있다.

온몸을 호랑이가 무는 듯이 아프거나, 몸과 팔다리가 뻣뻣해질 때, 위령선, 독활 등과 같은 량으로 쓴다.

실험으로 음양곽은 혈압을 낮추는 효과가 있으며, 주로 온몸을 도는 혈관을 부드럽게 펼치는 효과가 있음이 입증되었다. 또한 임상에서 신경쇠약에 유효하였다.

음허화왕자는 복용을 피하여야 한다.

태음인은 효과가 더욱 우수하다.

8. 속단(續斷, 검산풀뿌리)

맛이 쓰고 달고 시며 성질은 약간 따뜻하고 간과 신경(腎經)으로 들어간다. 간과 신장을 보하고 혈액을 잘 돌게 해주며, 뼈와 근육을 잘 연결해주고, 지혈작용을 하며, 태반을 편안히 해준다.

허리가 아프고 다리에 힘이 없으며 유정(遺精)에 우슬과 같은 량으로 쓴다.

붕루와 월경과다에 황기 숙지황 적석지 등을 곁들여 쓴다.

속단은 혈액순환을 돕고 근골을 잘 이어주는 작용으로, 부종을 가라앉히고 통증을 멈추게 만들며, 새살이 잘 돋도록 하여 외과질환에 자주 쓰인다.

골쇄보, 자연동, 지별충 혈갈 등을 곁들여 써서, 타박상, 골절, 교통사고상처 등에 많이 쓰고 있다.

태음인에 더욱 우수한 효과를 나타낸다.

9. 육종용(肉縱蓉)

담종용(淡縱蓉), 대운(大蕓)등으로도 불리우며, 맛이 달고도 짜
며 성질은 따뜻하고 신경(腎經)과 대장경(大腸經)으로 들어간다.
신장을 도와 정(精)을 이롭게 하며, 대장을 미끄럽게 만들어 변
이 잘 나오도록 해준다. 발기부전과 불임, 허리무릎이 차고 아픈
증상과 근골이 무력한 증상을 완화시킨다.

발기부전에 숙지황, 토사자, 오미자 등을 곁들여 쓴다.

정혈(精血)이 허할 때, 녹각교, 당귀, 숙지황, 자하거 등을 곁
들여 쓴다.

무릎허리가 시리고 아프거나 뼛골이 약할 때, 파극천, 비해,
두충 등을 곁들여 쓴다.

진액이 말라 대장이 건조하여 나타나는 변비에 화마인, 침향
등을 곁들여 쓴다.

육종용에는 혈압을 낮추는 효과가 있다.

음허화왕자와 설사를 하는 자는 피하여야 한다.

소양체질에 더욱 좋은 효과를 나타낸다.

10. 인삼(人蔘)

신초(神草), 지정(地精), 토정(土精)으로도 불리우며, 맛이 달고 약간 찬 성질을 가지고 있다. 기를 보하고 혈을 기르며, 진액을 생기게 하고, 신기(神氣)를 안정시켜 지혜롭게 만들 뿐만 아니라, 원기를 크게 보하는 효과가 있다.

장복에는 홍삼을 이용하는 것이 좋다.

약선식(藥膳食)으로 먹어도 성기능 저하와 조루, 발기부전에 일정한 효과를 나타낸다.

음허화왕이나 고혈압이 있는 자는 피하여야 한다.

소음체질자는 특별히 우수한 약재이다.

11. 쇄양(鎖陽, 육종용뿌리)

불노약, 지모구(地毛球), 쇄엄자(鎖嚴子) 로도 불리우며, "생김새와 그 끈적거림 정도나 냄새까지도 남근과 흡사하며, 숫고양이마저도 유별나게 이들 약초를 좋아한다고 할 정도로 이들 약초 속에는 성 유인물질이 들어 있다."30) 맛은 달고 따뜻한 성질을 가지고 있다.

정(精)을 도와 양기를 건장하게 하며, 혈을 길러 근육을 강하

---

30) 신재용(2003). 남성新동의보감, 도서출판정음, p.514..

게 만들고, 장(腸)을 미끈거리게 하는 효과가 있다.

신(腎)이 허하여 발기가 약하고 유정(遺精)에 설사를 하며, 허리무릎에 힘이 없고, 정혈(精血)이 부족해 근골이 흐느적거리고, 변비가 심할 때, 쇄양을 다려 죽을 쑤어 먹으면 매우 훌륭한 치료효과를 나타낸다.

위장에 화기(火氣)가 성한 자는 피하여야 한다.

소음인에 더욱 효과가 좋다.

12. 오가피(五加皮)

오가삼(五加蔘), 자오가(刺五加)로도 불리우며, 맛이 맵고 따뜻한 성질을 가지고 있다. 신기(神氣)를 편안히 하고, 기를 도와혈을 활력있게 만들며, 비장을 도와 위를 건강하게 하고, 정(精)을 보충시켜 골수를 보하는 효과가 있다.

연구결과 오가피를 먹으면 성호르몬의 분비를 촉진시켜, 성욕감퇴와 조루 등에 매우 좋은 효과를 나타냈다.

태양인에게는 성약(聖藥)이다.

제3절 천연 보양식품 재료

1. 부추(구채韭菜)　　　　　　2. 대파(대총大蔥)
3. 마늘(대산大蒜)　　　　　　4. 마(산약山藥)
5. 여지덩쿨풀(여지荔枝)　　　6. 대추(대조大棗)
7. 구기자(枸杞子)　　　　　　8. 호도(핵도核桃)
9. 잣(송松子)　　　　　　　 10. 양고기(염소고기)
11. 개고기(구육狗肉)　　　　 12. 돼지콩팥(저신猪腎)
13. 자라고기(별육鱉肉)　　　 14. 사슴고기(녹육鹿肉)
15. 비둘기고기(합육鴿肉)　　 16. 참새(마작麻雀)
17. 오골계(烏骨鷄)　　　　　 18. 메추리(암순鵪鶉)
19. 미꾸라지(니추泥鰍, 추어鰍魚) 20. 달걀(계란鷄卵)
21. 뱀장어(두렁허리, 선어鱔魚)　 22. 석화굴(모려牡蠣)
23. 새우(하蝦)　　　24. 해삼(海蔘)　　　25. 홍합

1. 부추(구채韭菜)

맛이 달고 신경(腎經)으로 들어간다. 몸을 따뜻하게 만들어 기(氣)를 잘 돌게 하고, 해독작용이 있으며, 몸을 따뜻하게 해주고, 위와 장을 튼튼하게 한다. 더불어 구역질과 구토, 당뇨병, 피를 토하거나 코피가 나거나, 소변에 피가 섞이거나, 항문주위가 짓무르거나, 몸에 부스럼 같은 짓물 상처증에도 효과가 있다.

부추에 많은 비타민은 위장의 유동작용을 돕고, 습관성 변비를 해소시키며, 장염을 치료하고 대장암을 예방한다.

부추에 함유되어 있는 휘발성 물질은 식욕을 촉진시키고, 살균작용이 있으며, 고지혈증을 낮추고 심근경색증에도 효과가 있다. 무엇보다도 부추는 간과 신장을 따뜻하게 하여 양기(陽氣)를 굳건히 하는 보양식물의 으뜸이다. 단, 단오절 이후 한동안은 금하는 것이 좋다.

소음인은 효과가 더욱 탁월하다.

부추는 인류의 가장 오랜 강정식품 중 한가지로써, B.C.168년에 매장된 중국 장사의 마왕퇴백서에서 선인들이 땅에서 나는 우유라고 칭송하였다.[31]

---

31) 馬繼興(1992), 『馬王堆古醫書考釋』, 湖南科學技術出版社, p.952~ 956 참조.
   * 해설; 위왕이 말하길 매일 잠자리에 들기 전에 무엇을 먹어야 하는지 해설할지어다. 문지가 답하길, 진하고도 순한 술과 묵은 부추입

니다. 위왕이 묻길 어찌하여 부추를 중시하는고? 문지가 답하길, 후직(后稷, 周朝왕실의 선조로 백성의 식량파종을 가르침)이 파종(播種)하며, 풀이 천살이 되어 부추가 되어져 붙여진 이름이다. 부추잎은 매년 이른봄에 땅속의 묵은 뿌리에서 새로 자라나므로 매우 일찍이 천기를 받으며, 뿌리에서 자란 부추잎은 매년 4~5차례 잘라 먹어도 계속하여 살아날 만큼 매우 강한 생명력을 갖추었으니, 어찌 충만한 지기(地氣)를 받지 아니하였다 할 수 있으리오! 그러므로 음기(陰氣)가 허하여 놀래고 가슴이 두근거리는 증상에 부추를 먹으면 정신이 강장(强壯)하고 체질이 개선되는 치료효과를 얻을 수 있다. 시력이 감퇴하는 자는 부추를 먹으면 시력이 회복되고 증강되며, 청력이 감퇴하는 자가 부추를 먹으면 청력이 개선되고 회복된다. 봄에 3개월간 부추를 먹으면 질병이 생기지 않을 뿐만 아니라 근골이 증강되는 효과를 얻을 수 있다. 이리하여 부추를 백초(百草)의 왕이라 부른다.

본문에서 말하는 부추의 양생적 효과는 대략 다음의 4가지로 나눌 수 있다.

1. 강심보뇌(强心補腦, 뇌를 좋게 하고 심장을 강하게) 효과로 경공(驚恐, 놀램과 공포감)과 심계(心悸, 가슴 두근거림)를 치료할 수 있다.
2. 시력을 강화시켜 시력감퇴를 치료한다.
3. 청력을 증강시켜, 이롱(耳聾, 귀가 어두워짐)을 치료한다.
4. 체력을 증강시켜, 질병을 예방하는 효과가 있다.

이러한 것들이 모두 부추의 가치를 중시애서 발췌한 연구성과이다. ≪開寶本草≫에서는 "韭汁是草鍾乳(구즙시초종유)"라 하여 영양가치를 젖에 비유하였다.

단, 주의할 사항으로 ≪備急千金要方≫권26에서 인용되어 ≪黃帝神農食禁≫에 기제된 부추의 금식사항으로 "黃帝云 : 霜韭凍, 不可生食, 動宿飲, 飲盛必吐水. 五月勿食韭, 損因滋味, 乏人乏氣力."이라 하여, 서리맞고 언 부추를 먹지 말며, 하룻밤을 묵혀 변한 것을 먹

2. 대파(대총大蔥)

대파의 맛은 맵고 성질은 따뜻하며 폐와 위경(胃經)으로 들어간다. 대파에는 양기(陽氣)를 통하게 하고 해독하는 작용이 있다. 그러므로 추위로 인한 두통과 몸이 차서 생기는 복통, 대소변 불통, 이질 등에 효과가 있다.

대파에는 주로 단백질, 지방, 당류(糖類), 비타민A, B, C와 광물질이 함유되어 있다. 대파에 함유되어 있는 휘발성 물질은 살균작용이 강하며, 특히 이질간균과 피부진균을 억제하는 효과가 우수하다.

특별히 대파에는 인체의 성호르몬을 정상적으로 분비하게 하는 기능이 있으며, 과학적으로 볶은 대파와 계란은 성기능을 향상시킨다는 보고가 있다.

소음인은 효과가 더욱 우수하다.

3. 마늘(대산大蒜)

폐경(肺經)으로 들어간다. 마늘에는 풍부한 단백질과 탄수화물, 인, 휘발성화합물, 천연비타민B, C 등이 함유되어 있어, 체기(滯氣)를 뚫어주고, 비위를 따뜻하게 해주며, 뱃속의 적(積)을 풀어주

으면 물을 토하며, 5월의 부추는 맛이 없고 기력을 떨어뜨린다 하였다.

고, 해독과 살충의 효과가 있다. 이로써 음식의 적체와 배가 차가워 아플 때, 뱃속에 물이 차오르거나 설사, 이질, 학질, 백일해, 옹저종독(癰疽腫毒), 백선증, 횟배에 효과가 있다.

많은 나라에서 마늘이 성력증강식품으로 애용되고 있으나, 음(陰)이 허하여 열기가 위로 올라오는 사람이나 오관(五官)의 병으로 눈, 코, 치아, 잇몸, 혀, 목구멍 등이 붓고 아플때는 복용을 피해야 한다.

특히 소음인에게는 성약(聖藥)이다.

4. 마(산약山藥)

땅속을 깊이 직선으로 뚫고 내려가는 형상이 남근의 양기를 상징한다. 맛이 달고 비, 폐, 신경(腎經)으로 들어간다. 기운을 북돋아주고 음기를 길러주며 비위와 폐를 돕는다. 기가 약하고 식욕이 없고 대변이 묽거나 설사, 기침, 유정(遺精), 오줌소태, 당뇨병에 많이 쓴다.

숨이 차고 만성기침과 오후에 몸에 열이 오르며, 땀이 저절로 나는 경우에, 마를 당삼, 오미자와 같이 다려 마신다. 발기부전, 유정, 대하증, 오줌소태에 마를 가시련밥과 같이 다려 먹는다.

당뇨병에 황기, 칡뿌리, 지모(知母), 화분(花粉) 등과 같이 사용하여 치료효과를 낸다. 산약은 신체의 면역기능과 저항력을 높이며, 산소 부족증상을 완화시켜 노쇠를 억제하는 효과가 있다.

뱃속에 습이 가득 차거나 체기가 있는 경우에는 복용을 피해
야 한다.

태음인과 소음인에게는 더욱 우수한 보기(補氣)와 보양(補陽)
식품이다.

5. 여지덩쿨풀(여지荔枝)

맛이 달고 시며 성질이 따뜻하고 간과 비경(脾經)으로 들어간
다. 현대의학에서 성기능을 개선시키고 유정과 발기부전, 조루와
음기가 냉한 증상을 치료한다는 보고가 있다. 이밖에 빈혈에 효
과가 있으며, 신장의 양기(陽氣)가 허해서 무릎과 허리가 시큰거
리는 증상과 불면증, 건망증에도 효과가 있다.

태음인에게는 더욱 우수한 보양약이다.

6. 대추(대조大棗)

맛이 달고 신경(腎經)과 위경(胃經)으로 들어간다. 대추에 들
어 있는 다량의 단백질, 당(糖), 점액질, 비타민A, B, C, 칼슘,
인, 철 등이 성기능을 유익하게 만든다.

대추에는 약간의 최음작용으로 성욕을 증강시키는 효과도 있

으므로, 기가 약하고 신장의 기능이 부족한 여성이 상복하면 성욕을 향상시킬 수 있다.

습담(濕痰)이나 적체(積滯), 치통에는 복용을 피하여야 한다.

모든 체질에 효과가 있다.

7. 구기자(枸杞子)

맛이 달고 간, 신, 폐경(肺經)으로 들어간다. 구기자는 간신(肝腎)을 촉촉이 적셔 보충하며, 정(精)을 돕고 눈을 밝게 만들며, 피부를 적셔 안색을 밝게 해준다. 남녀의 성기능을 향상시키는 명약으로써, 간신(肝腎)의 음허(陰虛)증과 어지럼증, 눈이 가물거림, 유정, 발기부전, 얼굴색의 암담, 머리카락이 누렇게 말라가는 증상, 허리와 무릎의 시큰거림, 노인성 해수와 당뇨에 효과가 있다.

단, 몸에 열이 많거나 평소에 변이 묽은 사람은 복용을 피해야 한다.

현대의학에서 구기자는 신체의 면역력과 저항력을 증강시키고, 세포의 신생을 촉진시키며, 혈중 콜레스테롤 함량을 낮춰 동맥경화증을 완화시키며, 피부의 탄성을 유지시킴으로써 피부노화를 예방한다.

구기자를 상복하면, 노쇠를 지연시키고, 안색을 밝게 만들며, 성기능을 향상시킨다.

구기자에는 신경을 흥분시키는 성분이 있으므로 성욕이 과다한 자는 복용하지 않아야 한다.

소양인은 더욱 효과가 우수하다.

8. 호도(핵도核桃)

맛이 달고 성질이 따뜻하며 신경(腎經)과 폐경(肺經)으로 들어간다. 태음체질(소음인, 태음인)의 보양약으로써, 성기능을 향상시키는 영양소가 다량 함유되어 있는 성욕증진식품이며, 신장을 건강하게 하고, 보혈작용이 있으며, 위장을 돕고 폐를 부드럽게 한다. 특히 신허(腎虛)로 인한 요슬냉통(腰膝冷痛), 발기부전, 유정, 빈뇨, 붕루증 등에 효과가 좋다.

호도는 대뇌의 기능을 향상시켜 노쇠를 억제하며, 몸을 튼튼하게 하여 양기를 길러줌으로써 연년익수(延年益壽)에 이르게 하는 매우 약용가치가 높은 식품이다.

그러나 담화(痰火)로 열이 나거나 음허화왕(陰虛火旺)자는 복용을 피하여야 한다.

소음인은 더욱 효과가 탁월하다.

9. 잣(송松子)

일명 해송자(海松子), 송자(松子), 백자(柏子)로도 불리운다. 맛이 달고 성질이 약간 따뜻하며 신(腎), 폐, 대장경(大腸經)으로 들어간다.

기(氣)를 보하는 식품이다. 잣에는 비교적 많은 불포화지방산과 우수한 단백질 및 여러 종류의 비타민과 광물질이 포함되어 있다. 잣은 신장을 보하여 양기를 길러주는 중요한 식품으로써, 혈액순환을 도와 피부를 아름답게 만들며, 폐를 적셔 기침을 멈추게 하고 대장의 윤활작용을 돕는다.

현대의학의 연구로 잣을 상복하면, 신체를 강건하게 하여, 면역력을 증강시킴으로써, 노쇠를 지연시키고, 피부의 주름을 없애 아름다운 피부를 유지하게 만들며, 성기능을 증강시키는 작용이 있으므로, 중노년층의 보건식품으로 권장하고 있다. 특히 식욕부진, 만성피로, 유정, 도한(盜汗), 다몽(多夢), 발기력 저하에 비교적 우수한 효과를 나타낸다.

태음인에게는 특별히 더욱 효과가 우수하다.

10. 양고기(염소고기)

맛이 달고 성질이 따뜻하며 열이 많은 식품으로 비장과 신장의 경락으로 들어간다. 기운을 도와 부족함을 보충하고, 신장을 따뜻하게 하여 양기(陽氣)를 길러준다. 허약하여 몸이 여위고, 허리와 무릎이 시큰거리며, 산후의 허한 냉증과 복통에 효과가 있다.

감기가 들었거나 안으로 열이 차있는 사람은 피하여야 한다.

소음인은 더욱 효과가 특별하다.

11. 개고기(구육狗肉)

맛이 달고 짜며 따뜻한 성질로써 비위와 신장경락으로 들어간다. 신선한 개고기에는 나트륨, 칼륨, 염소 등의 풍부한 미량원소가 함유되어 있다. 뱃속을 따뜻하게 하여 기운을 보충하며, 신장을 따뜻하게 만들어 양기(陽氣)를 굳세게 만들고, 비위의 기능을 향상시킨다.

≪본초강목≫에 "오장을 편안히 하고, 기운을 보충하여 몸을 가볍게 만들며, 위를 보하고 신(腎)을 도우며, 무릎과 허리를 따뜻하게 하고, 오로칠상(五勞七傷)을 보하며, 혈액순환을 도와 시니장의 양기를 거뜬하게 만든다."라고 적혀 있다. 쥐눈이 콩을

볶아 개고기와 같이 쓰면 발기부전과 조루에 효과가 있다. 저장
가공한 부자에 구운 생강과 개고기를 같이 쓰면, 신장의 온기를
보충하여 양기(陽氣)를 살릴 뿐만 아니라 추위를 쫓고 통증을
멈추게 한다.

열병이 있거나, 열기가 왕성한 자는 먹지 말아야 한다.

특히 소음인은 효과가 탁월하다.

12. 돼지콩팥(저신猪腎)

맛이 짭짤하며 간, 신, 방광경락으로 들어간다. 수분, 단백질,
지방, 탄수화물, 칼슘, 인, 철 등의 많은 영양물질을 함유하고 있
다. 신허요통과 얼굴부종, 유정, 도한(盜汗), 노인성 난청 등에
매우 효과가 좋다.

끓이거나 볶아서 먹을 수 있다.

소양인은 더욱 효과가 좋다.

13. 자라고기(별육鱉肉)

맛이 달고 간경(肝經)으로 들어가며, 다량의 고급 영양물질을
함유하고 있다. 우리 몸의 음기(陰氣)를 적시고 피를 맑게 하여,
뼛골의 쑤심, 오랜 이질, 붕루(崩漏), 대하(帶下), 연주창에 효과

가 있다.

비위가 너무 냉하거나 임산부는 피하여야 한다.

소양인에 효과가 더욱 탁월하다.

14. 사슴고기(녹육(鹿肉)

맛이 달고 성질이 따뜻하며 비경(脾經)과 신경(腎經)으로 들어
간다. 양기를 길러주는 아주 좋은 식품 가운데 하나로써, 오장을
보하고, 혈맥을 고르게 만들며, 정(精)을 도와 양기를 길러주고,
허리와 등줄기를 따뜻하게 한다. 허약하여 몸이 여위거나 산후에
젖이 부족할 때 좋다.

태음인과 소음인에 더욱 효과가 탁월하다.

15. 비둘기고기(합육鴿肉)

맛이 달고 간과 신경(腎經)으로 들어간다. 신장을 적시고 기운
을 도우며, 풍을 쫓고 해독기능이 있다. 허약증과 당뇨, 학질, 월
경부족, 악창, 피부병에 효과가 있다.

흰비둘기는 번식력이 강하고 성욕이 매우 왕성하여 암수의 교
배가 매우 빈번하다. 이는 흰비둘기의 성호르몬 분비가 특별히
왕성하기 때문이다. 이는 매우 유익한 양기 보조식품 으로써, 몸

을 튼튼하게 만드는 작용으로, 신기(腎氣)를 도와 성기능을 강하
게 하여 준다.

흰비둘기의 고기와 알에는 풍부한 단백질과 비타민, 철 등이
함유되어 있으며, 영양가치가 매우 높은 식품이다.

소음인은 더욱 효과가 나타난다.

16. 참새(마작麻雀)

맛이 달고 성질이 따뜻하며 신경(更)과 방광경(膀胱經)으로 들
어간다. 참새고기에는 단백질, 지방, 탄수화물, 무기염, 비타민B
등이 함유되어 있다. 참새고기는 정(精)을 도와 양기를 길러주고,
허리와 무릎을 따뜻하게 해주며, 소변을 잘 나오게 해준다.

≪식물비방≫에 의하면, 참새고기는 "오장을 보하고, 정수(精
髓)를 유익하게 만들며, 허리와 무릎을 따뜻하게 하고, 발기력을
증강시키며, 소변을 이롭게 할 뿐만이 아니라, 부인의 혈붕(血崩)
과 대하를 치료한다."고 기록되어 있다.

참새고기는 대단히 열성식품이므로 봄여름과 각종 열증이나
염증이 있는 사람은 피하여야 한다.

동양의학에서 참새고기는 정(精)을 도와 양기를 튼튼하게 만
드는 매우 훌륭한 식품으로써, 신의 양기가 허하여 나타나는
발기부전, 요통, 빈뇨와 오장의 부족증에 효과가 있다 하였다.

참새고기는 익혀서 먹거나 술에 담가 마실 수 있으며, 특히 참새의 뇌는 신장을 보하고 귀에 유익하며, 익혀 먹으면 남성의 발기부전과 유정 등에 매우 유익하다.

참새알[32]은 신장의 양기를 돕고, 음정(陰精)을 보하는 효과가 있어, 양위(陽萎; 남근 위축증)와 요통 및 정액의 허냉증에 효과가 있다.

소음인은 더욱 효과가 특별하다.

17. 오골계(烏骨鷄)

오골계는 맛이 달고 간과 신경(腎經)에 들어가며, 풍부한 단백질과 비타민A,B,D 및 칼슘, 인, 불포화지방산 등의 물질을 함유하고 있다.

음기(陰氣)를 기르고 열을 물리치는 효과가 있어, 허약하여 마르고 뼛골이 쑤시거나 당뇨, 비위기능이 허약하여 나타나는 설사

---

32) 馬繼興(1992), 『馬王堆古醫書考釋』, 湖南科學技術出版社, p.879~888 참조.
참새알에 대하여는 양성(養性) 방중술서적으로 가장 오래된, ≪마왕퇴백서·십문≫【原文五~八】의 내용에, 황제와 대성의 상호 문답방식으로써 언급 되길, 방중양생술의 먹거리(服食)에서의 양음장양(養陰壯陽) 식품에 관하여 언급하고 있으며, 그중 특히 잣, 소, 양젖과 닭, 오리고기 와 새알(참새, 닭, 오리)류 그리고 반숙(半熟) 저장된 까마귀알 등이 훌륭한 양음장양식품이라는 것이다.

증상 등에 효과가 있다.

소음인은 더욱 효과가 탁월하다.

18. 메추리(암순鵪鶉)

맛이 달고 성질이 따뜻하며 신장과 방광경으로 들어간다. 여러 종류의 무기염, 레시틴 과 인체에 필수적인 각종 아미노산을 함유하고 있으며, 오장을 보하고 정혈(精血)을 돕고, 신장을 따뜻하게 하여 양기를 도와준다. 신선한 고기와 알의 풍부한 영양은 매우 훌륭한 강장(强壯)식품이다.

동양의학에서 남성이 메추리고기를 상복하면 성기능이 증강될 뿐만 아니라, 기력이 왕성해지고 근골이 튼튼해진다고 알려져 있다.

소음인은 더욱 훌륭한 효과를 낸다.

19. 미꾸라지(니추泥鰍, 추어鰍魚)

맛이 달고 비경락으로 들어가며, 단백질, 지방, 비타민A, B, 인산, 철, 인, 칼슘 등의 영양물질을 함유하고 있다. 몸의 중기(中氣)를 보하고 신장을 도와 정(精)을 기르는 효과가 있으므로, 성기능의 조절에 좋은 식품이다.

미꾸라지에 함유된 특수한 단백질은 정자(精子)의 형성을 촉진하는 작용을 한다. 성년 남성이 미꾸라지를 상복하면 몸이 튼튼해진다.

소음인은 더욱 효과가 탁월하다.

20. 달걀(계란鷄卵)

맛이 달고 심장과 신경락으로 들어간다. 계란에는 단백질, 지방, 여러 종류의 비타민, 아연, 칼슘, 인, 철 등 풍부한 영양소가 함유되어 있다. 심장을 편안히 해주며, 보혈(補血)하고 음기를 보충하고 적셔주는 작용을 한다. 노른자위에는 흰자위보다 5배나 많은 아연(성기능 성숙물질)을 함유하고 있어서, 중기(中氣)를 돕고 신음(腎陰)을 길러준다.

계란은 인체의 성기능을 회복시켜 원기를 재충전하게 만드는 '환원제'로써의 최고 식품이다.

인도의 일부귀족들에게는 부부가 합방전에 계란과 우유와 꿀을 섞은 진액을 마시는 풍습이 전해지고 있다.

소음인은 효과가 더욱 우수하다.

21. 뱀장어(두렁허리, 선어鱔魚)

맛이 달고 성질이 따뜻하며 간, 비장, 신경(腎經)에 들어간다. 뱀장어 100그램에는 수분80 g, 단백질18.8 g, 지방0.9 g, 칼슘38 ㎎, 인150㎎, 철1.6㎎이 들어있다. 허약한 몸을 보하고 풍습(風

濕)을 제거하며, 근골을 튼튼하게 해주고, 신장을 따뜻하게 만들어 양기를 길러준다.

학질이나 이질 또는 뱃속이 부풀어 오른 자는 피하여야 한다.

소음인은 효과가 더욱 탁월하다.

22. 석화굴(모려牡蠣)

맛이 짭짜름하고 성질이 약간 차며 간과 신경(腎經)으로 들어간다. 석화굴에는 풍부한 아연과 철, 인, 칼슘, 우수한 단백질, 당류, 여러 종류의 비타민을 함유하여, 음기를 돕고 신(腎)을 보하여 정액을 걸쭉하게 한다.

남성(특히 양성체질자)이 석화굴을 상복하면 성기능을 높이고 정자의 질량을 개선시켜, 유정, 허약증, 발기부전 등에 좋은 효과를 나타낸다.

소양인은 효과가 더욱 좋다.

23. 새우(하蝦)

맛이 달고 약간 짜며 따뜻한 성질을 가지고 간, 비장, 신경(腎經)에 들어간다. 새우는 신장을 도와 양기를 건장하게 만들고, 담(痰)을 삭여 위장을 맑게 하며, 정(精)을 보충시키고 젖을 잘 나오게 해준다.

오랜 질병으로 몸이 허약해지고 숨이 차고 기운이 없으면서 입맛이 돌지 않을 때, 보양식으로 적당하다. 발기부전과 성기능 감퇴시에 효과가 있다. 새우를 상복하면 신체가 강장(强壯)해진다.

수염이 없는 새우와 삶으면 색이 하얗게 변하는 새우는 먹지 말아야 한다.

소양인에 더욱 좋은 효과를 낸다.

24. 해삼(海蔘)

맛이 약간 짜고 성질이 따뜻하며 심(心)과 신경(腎經)으로 들어간다. 식용 건조해삼은 21.55%의 수분, 55.51%의 단백질, 1.85%의 지방과 칼슘, 인, 철, 요오드 등의 미량원소를 함유하고 있다.

해삼은 신(腎)을 보하여 정(精)을 도우며, 혈액에 유익한 작용을 하여, 건조한 것을 매끄럽게 만드는 작용을 한다. 이로써 신허(腎虛)로 인한 발기부전, 유정(遺精), 빈뇨, 정혈(精血)부족 등을 다스린다.

소화기능이 극히 약하거나 담(痰)이 많고 대변이 묽은 자는 피하는 것이 좋다.

소양인은 효과가 더욱 출중하다.

25. 홍합

각채(殼菜), 담채(淡菜), 동해부인(東海夫人), 주채(珠菜) 등으로도 불리우며, 맛이 짜고 성질은 따뜻하다. 홍합에는 풍부한 단백질과 요오드, 비타민B군, 아연, 철, 칼슘, 인 등의 영양물질이 함유되어 있다. 신장을 따뜻하게 하여 정(精)을 굳게 만들고, 허한 것을 보충하여 기운을 북돋우므로, 남자들의 발기부전, 유정, 방사과다, 당뇨병 등에 효과가 있다.

남자가 상복하면 몸을 강장(强壯)하게 만들어 성기능을 증강시키는 효과가 있다.

소양인에 더욱 합당한 양기식품이다.

 제4절 남성의 양기를 기르는 식선(食膳) 요리

1. 개고기탕

개고기의 맛은 짜고 따뜻한 성질을 가지고 있으며 비위와 신경(腎經)으로 들어간다. 조리법은 일반 요리서를 참고하는데, 약간의 토사자(새삼씨)를 넣도록 한다. 유의할 점으로는 보양식으로써의 요리로 사용할 때는, 가볍게 겉면의 지저분한 것만 제거하고, 물에 담가 핏기를 완전히 제거할 필요는 없다.

개고기탕은 소화기능을 촉진시키고 신장을 따뜻하게 하여 양기를 도우며 정수(精髓)를 보한다. 양기가 부족하여 성욕이 저하되고, 정신이 맑지 않으며, 허리무릎이 약하고 사지가 무력할 때 좋은 효과를 낸다.

장(腸)이 약한 자는 먹지 말아야 하며, 구워서 먹으면 소갈(당뇨병)에 좋지 않고, 개고기와 마늘은 상극이므로 같이 먹으면 氣가 손상된다. 9월에 먹으면 신(神)을 상하고, 피를 모두 제거하면 효력이 떨어진다.[33]

2. 닭·쇠불알탕

1) 준비물 소의 음경 1,000 g, 닭고기탕 500 g, 썰은파 60 g, 생강 30 g, 다진마늘 12 g, 산초유 15 g, 돼지기름 75, 간장 12 g, 으깬두부 50 g, 산초, 설탕 약간, 기타조미료 적당량.

2) 조리법

소의 음경을 깨끗이 씻어 껍질과 지저분한 부위를 가위로 잘라내고, 솥에서 데쳐 껍질을 벗겨내고 다시 깨끗이 씻는다.

---

33) 신재용(1989), 전게서, p.606.

솥에 2,500cc의 물을 붓고, 파 20g, 생강 10g, 산초 약간을 섞고 소의 음경을 넣어 물이 반으로 줄면 꺼내어, 뇨도를 제거하고 적당한 크기로 썬다.

솥에 기름을 둘러 절단파 20g, 생강 10g, 다진 마늘을 넣어 볶은 다음, 향료, 술, 간장을 넣고 열을 가하고 나서 닭고기탕을 붓고, 소금, 백설탕으로 간을 맞추고, 흑설탕을 섞어 붉은색을 낸다.

여기에 준비된 소의 음경을 넣고 약한 불로 푹 삶는다.

그릇에 담아 마늘, 생강, 갖은 양념에 산초가루를 뿌려 먹는다.

3) 효 과　신장을 보하여 양기를 굳건히 하고, 정(精)을 도와 골수를 보하는 효과가 있다. 일반적으로 과로허약증과 무릎허리가 시리고 아플 때, 신허(腎虛)로 인한 발기부전에 사용한다.

3. 쇠불알탕

1) 준 비 물　소음경100g, 개음경(음낭포함)100g, 양고기(혹, 염소고기)100g, 어미닭고기탕50g, 구기자, 토사자, 육종용 각30g, 조미료 약간량.

2) 조 리 법

소의 음경을 물에 넣어 불은 다음 표피를 벗기고 손질하여 뇨도부위를 기준하여 반으로 갈라, 맑은 물로 다시 씻어 찬물에

30분가량 담근다.

개의 음경은 기름식초에 볶은 후, 따뜻한 물에 담가 불은 다음 깨끗이 손질한다.

양고기는 씻어 물에 담가 핏물을 빼고 찬물에 담근다.

소음경과 개음경과 양고기를 솥에서 물을 뿌리며 먼저 볶고, 여기에 산초와 묵은 생강, 곡주와 닭고기 국물을 붓고 센 불에 먼저 끓인 후, 약한 불로 바꾸어 오랫동안 삶는다.

끓인 내용물을 소독된 베 보자기 위에 부어, 생강과 산초찌꺼기를 분류한 다음, 여기에 준비된 구기자, 토사자, 육종용을 넣고 묶어 탕 속에 넣고 다시 계속해서 달여, 개음경이 완전히 삶아지면 요리가 끝난 것이다.

사기그릇에 담아 여러 조미료와 소금, 돼지기름 등으로 맛을 내고 간을 맞추어 먹는다.

3) 효 과 신허(腎虛)로 정(精)이 허하고, 발기부전에 정액(精液)이 저절로 나오며, 성욕감퇴에 효과가 좋다.

4. 선모(仙茅)·쇠불알탕

1) 준비물 선모(仙茅), 쇄양(鎖陽) 각 20g, 씨뺀대추 2개, 쇠불알 1벌, 육계10g, 생강 2쪽, 기름과 소금 약간.

2) 조리법 쇠불알을 깨끗이 씻어 힘줄을 제거하고 적당히 잘

라 준비해 둔다. 선모와 쇄양도 깨끗한 물로 씻어 준비한다. 생강 또한 깨끗이 씻어 2조각으로 잘라 둔다. 대추 또한 잘 씻어 씨를 발라낸다. 이상의 준비물을 솥에 넣고 적당량의 물을 부어 4시간 정도 다려, 소금으로 간을 맞추어 먹는다.

3) 효과; 신장을 보해 양기를 거뜬히 만들므로, 유정(遺精)과 조루를 치료한다.

5. 왕새우 튀김

1) 준비물 왕새우12개, 어육죽60g, 신선계란1개, 여린콩나물 약간, 저린 돼지고기 가루3g, 유채즙150g, 옥수수가루15g, 조미료 약간.

2) 조리법 왕새우의 머리와 내장을 자르고 꼬리는 남겨놓는다. 새우살을 갈라 수분을 제거하고, 옥수수가루를 발라 계란 물에 담그고, 골고루 묻혀 그릇에 놓는다. 어죽에 계란, 옥수수가루, 소금, 돼지기름, 조미료를 잘 섞어 새우위에 골고루 바르고 꼬들꼬들해지면 기름에 넣어 튀긴다.

3) 효과 신장을 보하여 양기를 왕성하게 하고, 근육과 뼈를 튼튼히 만든다. 신허(腎虛), 발기부전, 조루, 성욕감퇴 등에 좋은 효과를 낸다. 음허화왕(陰虛火旺)이나 성욕이 항진된 자는 금한다.

6. 파극·양골탕(파극·염소뼈탕)

1) 준비물 양뼈(염소뼈)500 g, 파극25 g, 생강15 g.

2) 조리법 신선한 양뼈(염소뼈)를 잘라 물에 담근다. 파극과 생강을 깨끗이 씻는다. 이들을 모두 솥에 넣고 물을 부어 센 불로 끓인 후 약한 불로 2~3시간 다려 조미료로 맛을 내면 완성 된다.

3) 효과 간신(肝腎)의 기능을 도와 무릎과 허리를 튼튼하게 만들어 줌으로써, 허리무릎이 약하거나 하체가 부실한 증상을 치료해준다.

7. 추어·부추씨탕

1) 준비물 미꾸라지250 g, 부추씨50 g, 조미료 적당량.

2) 조리법 미꾸라지를 맑은 물에 2일간 담갔다가 깨끗이 씻는다. 부추씨를 고운 보자기로 감싼다. 미꾸라지와 부추씨를 솥에 넣고 약간의 소금과 적당량의 물을 부은 다음 오랫동안 다려 부추씨 주머니를 건져내고 조미료로 맛을 낸다.

3) 효과 신장을 보하여 정(精)을 돕는 효과가 있으므로, 신장의 약기가 부족하여 나타나는 발기부전, 정액의 차가움, 허리무릎 허약에 매우 좋은 효과를 나타낸다.

8. 암비둘기·마찜

1) 준비물 암비둘기1마리, 산약100 g, 소금과 약간의 조미료.

2) 조리법 암비둘기의 배를 가르고 깨끗이 씻고, 산약을 깨끗이 씻어 암비둘기의 뱃속에 넣고 실로 묶는다. 물을 붓고 1시간 가량 삶아 완전히 익힌 다음 소금 등의 조미료로 맛을 낸다. 준비된 재료를 찜솥에 얹고 찜요리로 만들 수도 있다.

3) 효 과 비장과 신장을 튼튼히 하는 효과가 있어, 배가 부풀어 오르거나, 몸이 허약한 증상에 매우 효과가 뛰어나다.

9. 구기자·소불알탕

1) 준비물 소불알1벌, 구기자50 g, 조미료 약간량.

2) 조리법 먼저 소불알을 잘 손질하여 깨끗이 씻어 절단한 후, 기름을 둘러 뜨거워진 솥에 준비된 소불알을 넣고 볶은 다음, 적당량의 물을 붓고, 여기에 준비된 파, 생강, 소금, 구기자 등을 넣고 1시간가량 삶는다.

3) 효 과 신장을 보하여 양기를 길러줌으로서, 정(精)을 도와 골수를 채워주는 효과가 있다. 신허(腎虛)로 인한 유정(遺精)과 불면증, 허리가 시큰거리고 아픈 증상에 좋다.

10. 파·양고기볶음

1) 준비물 양(염소)다리고기250g, 마늘가루1큰술, 파가루1사발, 생강반숫가락.

2) 조리법 양고기를 깨끗이 씻고 잘라, 곡주와 간장으로 버무려 20분가량 숙성시킨다. 기름을 둘러 열을 가한 솥에 생강과 마늘가루를 볶고, 여기에 양고기를 넣고 센 불에 볶아 익힌 다음 뜨거울 때, 파가루를 세게 볶으면 완성된다.

3) 효과 신장을 보해 정(精)을 유익하게 하는 효과로, 신장이 약해 몸이 부실하고, 허리무릎이 연약하며 머리가 어지럽고 이명이 들리는 증상에 매우 훌륭한 치료작용을 나타낸다.

제5절 고전 처방

1. 남성을 강하게 만드는 대표적인 한약 처방 독계산(암탉을 대머리로 만든 처방)[34]

≪동현자≫라는 고서에 전하길; '독계산으로 남자의 오로칠상[35], 발기부전으로 일을 치루지 못하는 것을 치료하였다. 촉나

---

34) 일본丹波康賴편찬(1993),前揭書, p.476, ≪醫心方 卷二十八 房內 用 藥石第廿六≫, ≪洞玄子≫云; 인용.

35) 동의학사전(1990), 전게서, p721, 1043.
오로(五勞); ① 5장이 허약해서 생기는 허로를 5가지로 나눈 것. 심로, 폐로, 간로, 비로, 신로를 말한다. 원인에 대하여「동의보감에」심로는 혈을 상한 것이고, 간로는 신(神)을 상한 것이며, 비로는 음식에 상한 것이고, 폐로는 기가 부족한 것이며, 신로는 정을 상한 것이라고 하였다. ② 허로병의 5가지 원인; "오래 누워있으면 기를 상하고, 오래 보면 혈을 상하며, 오래 앉아있으면 육을 상하고, 오래 서있으면 골을 상하며, 오래 걸어 다니면 근을 상한다."고 하였다.
칠상(七傷); ① 남자에게서 신기가 허약하여 생기는 7가지 증상; "음한(陰寒), 음위(陰痿), 이급(裏急), 정루(精漏), 정소(精少), 정청(精淸), 소변삭(小便數) 등이다. 이밖에 -精寒, 낭하습(囊下濕), 야몽음인(夜夢陰人), 精速, 음하습(陰下濕) 등을 포함시킨 데도 있다. ② 몸에 허손증을 생기게 하는 7가지 원인. 동의고전에는 지나치게 먹으면 비가 상하고, 몹시 성을 내면 간이 상하며, 억지로 힘을 몹시 쓰거나 습한 곳에 오랫동안 있으면 신이 상하고, 찬 기운을 받거나 찬 음식을 잘못 먹으면 폐가 상하며, 지나치게 근심하고 생각하면 심을 상하

라의 태수 경대가 나이 70에 이 약을 먹고 아들 셋을 얻었으며, 오랫동안 복용하니 부인이 견디다 못해 병이 깊어져, 옥문가운데가 짓물러서 앉지도 서지도 못하게 되었다. 생각다 못해 이 약을 정원으로 내 던졌더니, 수탉이 먹고는 곧바로 암탉의 등에 올라타서 며칠을 내려오지 않고 그 볏을 쪼아대어 머리가 벗겨지매, 세상에서는 이 약을 일러 독계산이라 부르고 또는 독계환이라 불렀다.'고 전하고 있다.

그 처방을 살펴보면; 육종용3푼 오미자3푼 토사자3푼 원지3푼 사상자4푼 이상 5가지 약물을 잘게 부숴 가루로 만들어 매일 공복에 술과 같이 한 숟가락씩 하루 두세 차례씩 복용하니, 굴복시키지 못할 상대가 없고, 60일 동안 복용하니 40부인을 상대하였다. 또 이것으로 오동나무 열매 크기의 환을 만들어 하루 두 차례 다섯 알씩 복용하면 그 효과를 알 수 있다. 살피건대 천금방의 八味는 사상자3푼 토사자3푼 종용3푼 원지2푼 오미자2푼 방풍2푼 파극천2푼 두충1푼이다.

고, 바람과 비, 더위, 추위를 받으면 형체를 상하며, 몹시 두려워하면 마음이 상한다."고 하였다.

2. 75세에 자식을 가진 "익다산"이라는 재미있는 처방 얘기

≪록험방≫에; "익다산"이란 흥미로운 처방얘기가 있다. "여자로서 신첩이 재배를 올리며 황제폐하 섬돌아래 글월을 올리나이다. 신첩 삼가 엎디어 사죄 올리는 바, 듣기로 좋은 일은 숨김없이 임금께 아뢰어야 한다 들었나이다. 신첩의 지아비 화부가 나이 80이 되어 방실이 쇠약하던 중, 어떤 경로로 얻어 알게 된 처방의 약(생지황10푼; 씻어 썰어 청주 한 되에 담갔다가 절어지면 말려서 가루가 되도록 찧는다. 계심1尺2푼, 감초5푼(炙), 백출 2푼 건칠5푼 이상 5가지 약재를 짓찧어 가루 내여 식후에 술로 한 숟가락씩 하루 3차례복용)을 만들어 놓고 먹지도 못하고 저 세상으로 가고 말았습니다. 신첩에게 익다라는 75살 먹은 노복이 있는데, 병들어 허리가 구부러지고 머리가 백발이며 구루병에 옆걸음을 걷는 것이 가엾어 이 약을 익다에게 주었습니다. 익다가 이 약을 먹고 이십일이 지나 허리가 펴지고 백발이 검어지며 안색에 광택이 나는 것이 삼십대의 사내 같았습니다. 신첩에게는 번식과 근선이라는 여종이 있었는데, 익다가 이들을 상대하여 4명의 아들딸을 낳기에 이르렀습니다. 어느 날 익다가 외출하고 술에 취해 돌아와서는 신첩의 옆에서 자고 있는 근선에게 치근덕거리며 다가가 서로 통정하는 바, 그 소리를 들어보니 기력이 크게 왕성하고 다른 사내들과 다른 점이 느껴졌습니다. 신첩의

나이가 50이 되었으나 방실을 억제하던 중에, 이를 듣고 저 자신을 억제하지 못하여 그만 그와 통정을 하여 아이 들을 낳기에 이르렀습니다. 익다와 신첩 그리고 번식 근선과의 합음양은 그침이 없었습니다. 문득 노비와 간통하였다는 수치심이 신첩에게 들어 익다를 살해하게 되었습니다. 그 정강이를 부러뜨려보니 그속에 노란 골수가 가득 찬 것을 보게 되었으며, 이 처방에는 대단한 효험이 있다는 것을 깨닫게 되었습니다. 이에 이를 폐하께 올리오니 폐하께서 복용하시면 크게 효험이 있으리라 사료되옵니다. 신첩이 죽을죄를 지었기로 삼가 머리를 조아려 재배 올리며 아뢰니다."[36]

3. 발기부전, 발기 왜소, 뜨겁지 않거나 단단하지 않은 상태, 정액량이 적거나 차가운 증상의 한약 처방

시들어 일어서지 않고, 일어섰으나 커지지 않으며, 커졌어도 길어지지 않고, 길어졌어도 뜨거워지지 않으며, 뜨거워졌어도 단단하지 않고, 단단해졌어도 오래 가지 않으며, 오래 가도 정액이 없고 량이 적으며 차가운 경우에 쓰는 처방; 종용 종유 사상 원지 속단 서여 녹용 이상 일곱 가지를 각 3냥씩 준비하여 가루를 내어 하루 두 차례 술과 같이 복용한다.

---

36) 인문종(2007), 박사학위논문(養性에 관한 문헌적 고찰), p179, ≪醫心方권28, 방내, 用藥石第卅六≫, ≪錄驗方≫云; 인용.

여기에 더하여, 자주 교접하고자 하면 사상자를 배로 하고; 단 단해지길 원하면 원지를 배로 하며; 더욱 커지기를 원하면 녹용을 배로 하고; 정액이 많아지길 원하면 종유를 배로 한다.[37]라고 ≪千金方≫을 인용한 ≪의심방≫에 기록되어 있다.

4. 남자의 옥경을 굵고 길게 만드는 처방

≪옥방지요≫에 남자의 옥경을 크고 길게 하는 처방으로 "백 자인5푼 백렴4푼 백출7푼 계심3푼 부자2푼. 이상 5가지 약재를 가루 내어 식후에 1치의 숟가락으로 하루 두 차례 십 일간 복용 하면 20일후에 굵고 길어진다."[38]라고 적혀 있다.

---

37) 丹波康賴, 前揭書, 用藥石第廿六, p476, ≪千金方≫인용.
38) 丹波康賴, 前揭書, 玉莖小第廿七, p478, ≪玉房指要≫인용.

이동호(1988), 「수련도교의 방중술에 관한 현대의학적 고찰」, 한국
　　　　도교사상연구총서 『도교와 한국문화』·『동의학사전
　　　　』, 과학백과사전종합출판사(1990), 도서출판까지.

馬繼興(1992), 『馬王堆古醫書考釋』, 湖南科學技術出版社.

張有雋(1993), 한청광譯, 養生大全, 도서출판까지.

丹波康賴(1993), 『醫心方』券28, 翟雙慶등譯, 華夏出版社.

宋書功편저(1993), 『中國古代房室養生集要』, 中國醫藥科技出版
　　　　社.前揭書.

인문종(2005), 氣마사지, 국제선술협회

인문종(2006), 양생기공처방, 이화문화출판사.

신재용(2003). 남성新동의보감, 도서출판정음

유승우(2006), 인체전기발전공 입문(도교내단수련, 요가, 기공의
　　　　비밀 대공개), 저작권등록번호: C-2006-005048,
　　　　bimulnamu @naver.com.

인문종(2007), 養性에 관한 문헌적 고찰, 명지대학교 이학박사 학
　　　　위논문.

高兆旺(2007), 40歲登上性商快車, 中國靑島出版社.

1. 옥경(玉莖); 남자의 성기(여자는 옥문).

2. 귀두(貴頭); 남성기의 머리부위, 여성은 질구 바깥쪽 1/3부위.

3. 음낭(陰囊); 남성의 불알(여성은 난소).

4. 회음(會陰); 불알아래와 항문의 중간점. 본서 p88. 임맥참조.

5. 미려(尾閭, 장강); 꼬리뼈 안쪽. 본서 p89. 독맥참조.

6. 명문(命門); 배꼽 반대쪽 허리 중앙. 본서 p89. 독맥참조.

7. 용천; 발바닥위쪽 1/3지점의 양쪽으로 갈라지는 선의 중앙삼각
   지점. 본서 p83. 신경 참조.

8. 삼음교; 안쪽복숭아뼈 꼭지점에서 위로 4손가락 넓이의 굵은뼈
   뒤. 본서 p79. 비경 참조.

9. 독맥(督脈); 회음에서 등의 정중선을 따라 머리위 백회를 거쳐
   윗몸 중간에 이르는 양경락의 기운이 모두 모이는 선. 본서
   p89. 독맥참조.

10. 협척(夾脊); 등뼈. 본서 p89. 독맥참조.

11. 상단전; 양눈썹의 중앙. 본서 p89. 독맥참조.

12. 중단전; 가슴중앙. 양쪽 젖꼭지와 몸의 정중선이 만나는 지점의 압통점으로 전중혈(膻中穴). 본서 p88. 임맥참조.

13. 대맥(帶脈); 옆구리 허리띠가 닿는 부위. 담경락의 교회혈(交會穴).

14. 장문(章門); 옆구리 11늑골 끝단. 족태음비경의 모혈(募穴). 본서 p87. 간경참조.

15. 대포(大包); 옆구리 6늑골 밑. 비경의 대락(大絡). 본서 p79. 비맥참조.

16. 신문(囟門); 신회(囟會)라고도 하며, 앞이마 머리카락 시작부위의 정중선에서 2寸위 부분. 본서 p89. 독맥참조.

18. 노궁(勞宮); 손바닥 가운데. 본서 p84. 수궐음심포경참조.

19. 족내안(足內岸); 발바닥 안쪽 움푹 들어간 곳.

20. 어제(魚臍); 엄지손가락 쪽 손바닥의 물고기 배(腹)같이 생긴 부위. 본서 p76. 수태음폐경참조.

· 저자 ·

인문종   · 약 력 ·

기공推拿주치中醫師(중국천진중의대학)
이학박사(논문; 養性에 관한 문헌적 고찰, 명지대학교)
중국대학생민족전통체육협회養生체육연구회 지도 教授
국민건강보험공단(수원, 용인지역)기체조 · 선요가 강사
경인지역(민방위교육 · 보건소 · 국민건강보험공단 · 노인복지관 · 여
성회관 요가 · 타이치 · 건강교육) 강사
소림내경일지선氣功 지도教授, 21대 전수자
농협경기지역본부 여성복지팀 외래교수
한국가스안전공사 교육원 외래교수
명지대학교 예술체육대학 외래교수
수원시요가연합회 회장
노인운동치료사
동양 성문화연구소 대표

· 주요논저 ·

『養性에 관한 문헌적 고찰』(2007), 명지대학교 이학박사학위논문
『生活飮食本草』(1997), 고려문화사
『四象方劑 및 本草』(1998), 한중의학연구학회
『氣 마사지』(2005), 국제선술협회
『東醫鍼灸』(2002), 국제선술협회
『養生氣功處方』(2006), ㈜이화문화출판사
『도인양생氣체조』(2007), 도서출판북피아
『건신기공 오금희(五禽戲)』(2007), 번역서(저작권 등록)
외 다수

성공 인생을 위한

성 살리기

• 초판 인쇄	2008년 2월 20일
• 초판 발행	2008년 2월 20일
• 지 은 이	인문종
• 펴 낸 이	채종준
• 펴 낸 곳	한국학술정보㈜
	경기도 파주시 교하읍 문발리 513-5
	파주출판문화정보산업단지
	전화 031) 908-3181(대표) · 팩스 031) 908-3189
	홈페이지 http://www.kstudy.com
	e-mail(출판사업부) publish@kstudy.com
• 등 록	제일산-115호(2000. 6. 19)
• 가 격	35,000원

ISBN 978-89-534-8151-0 93590 (Paper Book)
　　　 978-89-534-8152-7 98590 (e-Book)